U0004529

台灣自然圖鑑 019

臺灣野鳥圖鑑

水鳥篇【增訂版】

廖本興 著　丁宗蘇 審訂

晨星出版

一本值得您珍藏的
鳥類攝影圖鑑

　　廖本興先生的鳥類生態照片有一種特別的美感。當初最早看到他的攝影作品時，就強烈被他作品那種清晰、生動、衡平、細膩、寧靜的特殊感覺所吸引，既有一種生物學家畫素描圖的俐落感，也有攝影藝術作品所企求的意境美感。這是難得的特質組合，不僅適合作為鳥類圖鑑，也是藝術攝影作品集。

　　這套書最大特色，就是鳥類相片相當齊全。截至本書出版之際，作者已經在臺、澎、金、馬拍攝過 600 餘種野生鳥類，包含許多稀有罕見的迷鳥與新紀錄種。在臺灣野外拍攝這些相片，需要花費很多的時間、心血、熱情與耐心，他的成就令人驚嘆，因此這套書不只是有著一致攝影風格的圖鑑，也是他的鳥類紀錄里程碑。

　　廖本興先生分辨鳥類的功夫很強，很多並不容易辨認的鳥類種群，例如銀鷗、涉禽、猛禽、柳鶯，他都能夠整理出明確區分這些鳥種的辨識關鍵，讓大家可以在野外快速判斷，甚至很多特徵辨識關鍵，是之前其他相關書籍所沒有提到的，無論是老鳥友、或是新鳥友，有了這套書，相信都會獲益甚多。

　　在眾多鳥類愛好者的努力下，臺灣所記錄到的鳥種日新月異，對他們的了解也快速提升，這套圖鑑以中華鳥會 2020 年的臺灣鳥類名錄爲基礎，收納種數最多的鳥種，是目前市面上最齊全的臺灣鳥類圖鑑。而且，相信在未來很長一段時間，也將持續是最好的一套臺灣鳥類攝影書籍。

　　很高興能參與廖本興先生《臺灣野鳥圖鑑》這套書的審訂。身爲一個賞鳥人，能先讀到這套書，是一種榮幸。其實我能幫助的並不多，這書本身就已經撰寫得很好了。雖然臺灣已經有很多介紹鳥類的好書、好圖鑑，但是這套書堪稱是目前最新、最齊全、最好的一套，不僅是難得的攝影作品集，也是人家值得收藏的工具書。找相信大家會從這套書獲益甚多，也會喜歡這套書的風格與內容。

　　我強力推薦廖本興的《臺灣野鳥圖鑑》。

丁宗蘇

臺灣大學森林環境暨資源學系　教授兼系主任

對野鳥的狂熱，
成就了這本野鳥圖鑑！

臺灣野鳥圖鑑自 2012 年出版至今，承鳥友厚愛熱銷，顯示賞鳥活動深受國人喜愛，賞鳥、拍鳥儼然成爲近年新興的熱門休閒活動。惟臺灣鳥類現況已有很大的變化，除鳥種數從出版當初的 593 種增加到 696 種外，圖鑑所依循的 Clements 世界鳥類名錄也有很大的異動：臺灣特有種鳥類從 24 種增加到 30 種，包括臺灣竹雞、赤腹山雀、繡眼畫眉、白頭鶇、小翼鶇及灰鷽都從特有亞種提升爲特有種。另鳥種分科亦有許多變動，如原畫眉科多數鳥種移列至新增的噪眉科，褐頭花翼改列鶯科，頭烏線改列雀眉科，臺灣鷦眉改列鷦眉科，原西方黃鶲鴝內的黃眉黃鶲鴝及藍頭黃鶲鴝移列至東方黃鶲鴝等等。此外，因分類地位變動增加許多鳥種，如雜色山雀、白氏地鶇、琉璃藍鵲、暗綠柳鶯、勘察加柳鶯、日本柳鶯、赤背三趾翠鳥、日菲繡眼等；許多鳥種學名也因而改變，因此圖鑑改版不得不爲。

本圖鑑再版主要依循 Clements 世界鳥類名錄 2019 年版（Clements et al.2019）、2020 年臺灣鳥類名錄及 2022 中華民國野鳥學會鳥類紀錄委員會報告，包括陸鳥及水鳥共計收錄 696種。爲了讓圖鑑更完善，竭盡所能補充更多更好的圖片，對於鳥種的特徵描述及辨識也做了加強及修正。

全球氣候變遷正影響鳥類的行為，越來越多的鳥類無法適應生態系統的變化，暖化及乾旱可能打亂鳥類的遷徙規律，或影響鳥類與棲地生態的同步性，致使族群數量下降，尤以候鳥及海鳥對氣候的變化最爲敏感。爲了適應生態系統的變化，許

多鳥類不得不做出因應，例如改變分布區域，選擇移棲至較高海拔或較高緯度，或是配合食物資源最豐富的時間來進行遷徙與繁殖，這些狀況在可見的未來將持續上演。

近年來陸續有一些候鳥擴散至臺灣繁殖，如花嘴鴨、高蹺鴴、紫鷺、黑翅鳶及遊隼等都已成為留鳥，令人驚訝的是迷鳥彩䴉在南臺灣已有成功繁殖紀錄，甚至連白眉秧雞也嘗試在南臺灣繁殖，在在讓鳥人雀躍，顯示臺灣的自然環境仍能吸引許多鳥種來落地生根。但是值得關切的是許多海岸棲地正逐漸喪失，致使遷徙性水鳥的數量顯著減少，身在臺灣的我們，年復一年地看到這些美麗的野鳥，並不意味牠們會永遠地出現在我們的視線上，鳥類的數量正在下降，棲地若不善加保護，有一天許多野鳥將在這塊土地上消失。我們除了欣賞野鳥之美外，更應該珍惜臺灣的鳥類資源，多多關切周遭環境的變化與生態議題（例如光電與風電對候鳥的影響），盡所能來幫助牠們。

最後要感謝所有支援鳥圖的鳥友，讓圖鑑更完善，也謝謝晨星出版社辛苦的編輯們。

如何使用本書

　　本圖鑑採用Clements世界鳥類名錄2019年版之分類系統，收錄臺、澎、金、馬紀錄的696種臺灣野鳥，以棲地區分為「水鳥篇」與「陸鳥篇」。鳥種之中文名採用中華鳥會「2020年版臺灣鳥類名錄」之中文名，其中與行政院農業委員會林務局出版之《臺灣鳥類誌》（劉小如老師等2010）中文名相異之鳥種，本書特別採中文名前後分列方式，方便讀者對照使用。

學名：　*Rallina eurizonoides formosana*
　　　　　屬名　　種小名　　亞種小名

臺灣鳥類誌中文名 •

慣用中文名 •

灰腳秧雞 / 灰腳斑秧雞　*Rallina eurizonoides formosana*　特有亞種　L21～25cm

屬名：斑秧雞屬　　英名：Slaty-legged Crake　　別名：白喉斑秧雞　　生息狀況：留 / 不普

科名側欄 •
提供該種所屬科名以便物種查索。

秧雞科

相似種
緋秧雞、紅腳秧雞
• 緋秧雞後頭灰褐色，腹面白色橫紋較細，範圍僅下腹至尾下覆羽，腳紅色。
• 紅腳秧雞腳紅色，翼覆羽有白斑。

▲灰腳秧雞為森林性秧雞。

特徵 •
詳述該鳥種的外部形態、雌、雄、幼鳥、繁殖羽與非繁殖羽之羽色，供讀者輕鬆掌握辨識重點。

| 特徵 |
• 虹膜紅色，眼圈黃色。嘴、腳灰黑色。
• 雄鳥頭至上胸、頸側栗紅色，喉白色。後頸、背至尾暗栗褐色，下胸、脇至尾下覆羽黑白相間橫紋。雄亞成鳥似雌鳥，但頭、頸、胸間雜栗紅色。
• 雌鳥頭至上胸、背面黑褐色，頰灰色，下胸至尾下覆羽黑白相間橫紋。雌亞成鳥似雌鳥。

生態 •
詳述該鳥種之地理分布、繁殖地與度冬地、棲息環境、食性、生活習性與出現紀錄等。

| 生態 |
其他亞種分布於南亞、中國西南、中南半島、蘇門答臘及菲律賓。出現於平地至低海拔山區之林緣底層、海岸防風林、林內澤地及茂密灌叢等地帶，棲地與其他喜歡活動於水域之秧雞不同，為森林性秧雞。生性隱密，於晨昏或夜間活動，尾短，常上下翹動，以蠕蟲、昆蟲、螺、植物嫩芽和種籽為食。4～6月繁殖期間常徹夜反覆的「喔～喔～」鳴叫，聲音與黃嘴角鴞極似，但黃嘴角鴞叫聲為「嘟～嘟～」，氣音較濃，灰腳秧雞則喉音較重。

▲虹膜紅色，眼圈黃色，嘴、腳灰黑色。

136

特有種圖示：

 特有種　指全世界僅分布於臺灣的鳥種。

 特有亞種　分布很廣的物種，因為地理區隔、演化產生差異，這些具差異的族群稱為「亞種」，全世界僅存在於臺灣的亞種為臺灣特有亞種。

保育等級符號說明如下：

Ⅰ：表示瀕臨絕種野生動物
Ⅱ：表示珍貴稀有野生動物
Ⅲ：表示其他應予保育之野生動物

別名
慣用中文名以外之俗稱：（臺）為臺語俗稱。

體長（L）
自嘴端至尾端的長度

翼展長（WS）
兩翼翼端間的長度

鳳頭燕鷗 *Thalasseus bergii*　　Ⅱ　L43~53cm.WS100~130cm

名:鳳頭燕鷗屬　英名:Greater Crested Tern　別名:人鳳頭燕鷗　生息狀況:夏／不普，夏／普（馬祖）

相似種

黑嘴端鳳頭燕鷗、小鳳頭燕鷗
・黑嘴端鳳頭燕鷗嘴前端黑色，嘴尖白色，背面灰白色。
・小鳳頭燕鷗嘴橘黃色，背面灰色，繁殖羽額黑色與嘴基相連。

鷗科

生息狀況
指該鳥種在臺灣的遷留屬性、數量等狀況。遷留屬性分為留鳥、夏候鳥、冬候鳥、過境鳥、海鳥、迷鳥、引進種。數量分為普遍、不普遍、稀有。各以留、夏、冬、過、海、迷；普、不普、稀簡稱；金門、馬祖另以（ ）標示。

飛行時腹面白色，僅初級飛羽末端黑色，繁殖羽。

種｜
腹黑色。嘴黃色。腳黑色。
頭羽額、頭部、胸以下白色，頭上至後頭黑色有冠羽，背面鼠灰色。非繁殖羽上黑色褪成黑白間雜。停棲時翼尖超出尾端。
飛行時背面鼠灰色，尾羽略為分叉；腹面白色，僅初級飛羽末端黑色。
成鳥頭上有黑褐色縱紋，背面有黑褐色斑。嘴肉色至黃色，腳肉色、黃色至黑色，隨成長而變化。

態｜
布於亞洲、非洲、澳洲熱帶或亞熱帶海域。見於島嶼、海岸礁岩、港灣、河口等地帶，海灘、礁岩、海上浮標及或漂浮物上歇。夏季澎湖及馬祖離島有大量繁殖，臺灣北海岸及東海岸夏季有穩定紀錄，西南海季4月中、下旬有過境潮。飛行時拍其他小型燕鷗緩慢，常於海面搜尋獵物，鎖目標後即衝入水捕食。以魚類為主食，漁港內叼食水面上的死魚或內臟。

線上音檔
掃描QRCode即可聽取該鳥種鳴聲。

相似種
針對辨識不易、容易混淆的相似鳥種，做詳細的特徵比較。

▲繁殖羽，雙翅微張下垂之求偶行為。

373

7

目次
CONTENTS

分科檢索

鴴科 Charadriidae		P166 ～ P190
彩鷸科 Rostratulidae		P191 ～ P193
水雉科 Jacanidae		P194 ～ P197
鷸科 Scolopacidae		P198 ～ P291
燕鴴科 Glareolidae		P292 ～ P293
賊鷗科 Stercorariidae		P294 ～ P300
海雀科 Alcidae		P301 ～ P306
鷗科 Laridae		P307 ～ P383

熱帶鳥科 Phaethontidae		P384 ～ P386
潛鳥科 Gaviidae		P387 ～ P392
信天翁科 Diomedeidae		P393 ～ P401
海燕科 Hydrobatidae		P402 ～ P405
鸌科 Procellariidae		P406 ～ P422
鸛科 Ciconiidae		P423 ～ P426

軍艦鳥科 Fregatidae		P427 ～ P431
鰹鳥科 Sulidae		P432 ～ P436
鸕鷀科 Phalacrocoracidae		P437 ～ P444
鵜鶘科 Pelecanidae		P445 ～ P446
鷺科 Ardeidae		P447 ～ P485
䴉科 Threskiornithidae		P486 ～ P497

鳥類形態特徵介紹

全長

鳥體各部位名稱

頭上
額
後頭
耳羽
上背
眼先
頰
後頸
肩羽
頰
喉
大覆羽
胸
小覆羽
中覆羽
小翼羽
脇
初級覆羽
腹
脛毛
跗蹠
距（雉科）
內趾
中趾
外趾
後趾
爪

三級飛羽
次級飛羽
下背
腰
初級飛羽
尾上覆羽
尾
中央尾羽
下腹
尾下覆羽
外側尾羽

翼展長

翼展長

尾羽形狀

方尾　　圓尾　　凹尾　　凸尾

叉尾　　楔形尾

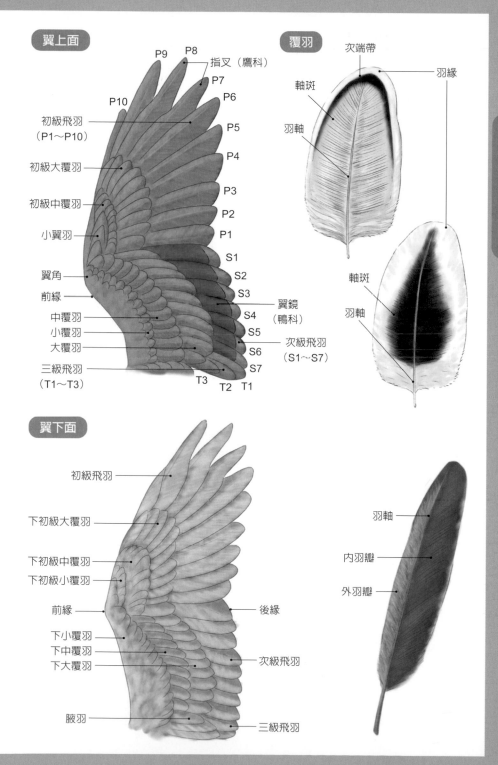

翼上面

P9　P8
指叉（鷹科）
P7
P6
P10
P5
初級飛羽
（P1〜P10）
P4
初級大覆羽
P3
初級中覆羽
P2
小翼羽
P1
S1
翼角
S2
前緣
S3
中覆羽
S4
小覆羽
S5
大覆羽
S6
三級飛羽
S7
（T1〜T3）
T3　T2　T1

翼鏡
（鴨科）
次級飛羽
（S1〜S7）

覆羽

次端帶
羽緣
軸斑
羽軸

軸斑
羽軸

翼下面

初級飛羽
下初級大覆羽
下初級中覆羽
下初級小覆羽
前緣
後緣
下小覆羽
下中覆羽
下大覆羽
次級飛羽
腋羽
三級飛羽

羽軸
內羽瓣
外羽瓣

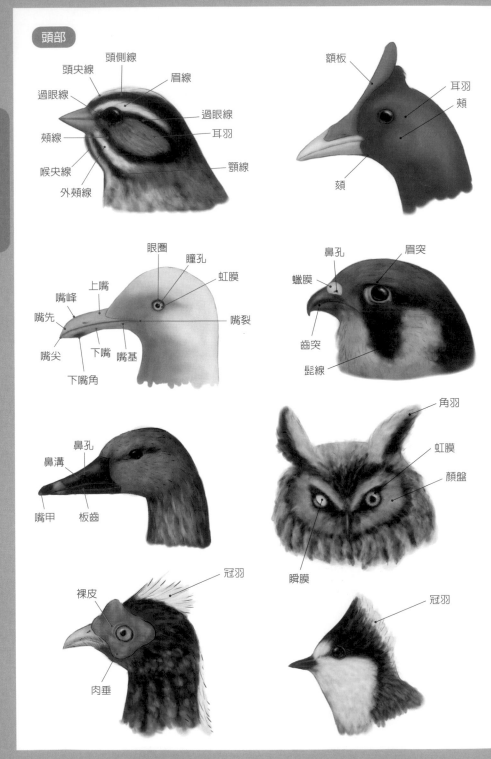

頭部

頭側線
頭央線
眉線
過眼線
頰線
喉央線
外頰線
過眼線
耳羽
顎線

額板
耳羽
頰
頦

眼圈
瞳孔
虹膜
上嘴
嘴峰
嘴先
嘴尖
下嘴
嘴基
下嘴角
嘴裂

鼻孔
眉突
蠟膜
齒突
髭線

鼻孔
鼻溝
嘴甲
板齒

角羽
虹膜
顏盤
瞬膜

裸皮
冠羽
肉垂

冠羽

鳥喙型態

雞形嘴
如雉科

鴉形嘴
如鴉科

鴨形嘴
如鴨科

劍形嘴
如鷺科、鸕科

琵形嘴
如鹮科

短錐形嘴
如鴉科、雀科、麻雀科

長錐形嘴
如翠鳥科

細短形嘴
如山雀科、柳鶯科

鴿形嘴
如鳩鴿科

鉤形嘴
如伯勞科

鷹鉤形嘴
如鷹科

鸚形嘴
如鸚科

腳爪型態

前趾
後趾

不等趾足
如雉科、
鷹科、
秧雞科、雀科

對趾足
如杜鵑科、
鬚鴷科、啄木鳥科

駢趾足
如翠鳥科

前趾足
如雨燕科

前趾
後趾

蹼足
如雁鴨科

凹蹼足
如軍艦鳥科

半蹼足
如鷺科、鶴科

全蹼足
如熱帶鳥科、鰹鳥科、
鵜鶘科

瓣足
如鸊鷉科、
瓣足鷸科

名詞解釋：

學名：

以拉丁文化的字詞構成，為通行國際的學術名稱。每個物種之學名由「屬名＋種小名」構成，亞種之學名則由「屬名＋種小名＋亞種小名」構成，學名之引用常以斜體或加底線表示。

例：*Rallina eurizonoides formosana*

屬名：界於科與種之間的分類單位名稱。

種：生物分類的基本單位。

亞種：種下之分類名稱，同一物種因為地理阻隔產生形態差異，不同地區具差異之族群稱為「亞種」，不同亞種間仍可以交配繁殖。

特有亞種：全世界只存在於某一特定區域的亞種。

特有種：指局限分布於某一特定區域，而未在其他地方自然出現的物種。

色型：同一種鳥在同一年齡階段有一種以上的羽色形態，每種羽色稱為一個「色型」。

生息狀況：

指該鳥種在臺灣的遷留屬性、數量等狀況。遷留屬性分為留鳥、夏候鳥、冬候鳥、過境鳥、海鳥、迷鳥。數量分為普遍、不普遍、稀有。各以留、夏、冬、過、海、迷；普、不普、稀簡稱。

留鳥：長期棲息於臺灣而不遷移的鳥。

夏候鳥：春天遷徙到臺灣繁殖，於夏末秋初離開的鳥。

冬候鳥：秋天遷徙到臺灣度冬，於春天離開返回繁殖地的鳥。

過境鳥：遷移季節在臺灣短暫停留者。每年均穩定過某地的期間稱為「過境期」。

海鳥：

指不在臺灣本島繁殖，會出現臺灣四周海域的鳥；一般並不會接近陸地，出現時間、地點常常難以預期。

迷鳥：

受颱風或者其他非人為因素影響，以致偏離遷移路線或迷失方向，而出現在正常分布區域以外地區的鳥。

越冬（度冬）：指動物依某種形式來度過寒冷的冬天。

繁殖羽（夏羽）：繁殖期的羽色，一般較非繁殖羽鮮豔。

非繁殖羽（冬羽）：非繁殖期的羽色，一般較繁殖羽樸素。

雛鳥：孵化後尚未換羽狀態。

幼鳥（Juvenile）：

指雛鳥第一次換羽，長出飛羽後的羽色。一般小型鳥種孵出之次年即轉換為成鳥羽色，其轉換為成鳥羽色前稱之為幼鳥而非亞成鳥。

第一齡（回）冬羽（1st winter）：

出生後第一次換羽完成變成幼鳥，至當年秋天更換體羽後的羽色。對於信天翁及某些大鷗等大型鳥類，需數年才能長為成鳥，通常以第一齡、第二齡、第三齡等來形容牠當時的羽色。

第一齡（回）夏羽（1st summer）：

出生後，翌年春天更換體羽後之羽色。

亞成鳥（Sub-adult）：

指達到成鳥羽色的前一羽色階段。通常指達到成鳥羽色需要二年以上的鳥種，其最後一年接近成鳥羽色稱之為亞成鳥。

成鳥：已達成鳥羽色，具有繁殖能力的鳥。

婚姻色：某些鳥類繁殖期嘴、眼先或腳裸皮部位會產生較鮮豔的顏色。

裸部：鳥體不長羽毛的部位，包括眼、嘴、蠟膜、腳、趾等。

背面：

鳥體所有朝上的部位，包括頭上、後頸、背部、腰部、翼、尾上覆羽、上尾面等。

腹面：

鳥體所有朝下的部位，包括喉、前頸、胸部、腹部、尾下覆羽、下尾面等。

飾羽：繁殖羽頭、頰、胸、背部裝飾的羽毛，如鷺科的簑狀飾羽。

縱斑、縱紋：與脊椎平行的斑紋。

橫斑、橫紋：與脊椎垂直的斑紋。

翼帶：翼基部或覆羽末端不同顏色形成的帶狀斑。

翼展：鳥類雙翼展開的長度。

翼鏡：

鴨類次級飛羽部位大多具有藍、綠或紫色金屬光澤，前後緣常有白、灰或紅的條紋；不同鴨種的翼鏡顏色相異，飛行時可作為識別依據。

名詞解釋

翼窗：猛禽飛行時，飛羽基部羽色較淡，形成大片的淡色部分。

指叉：猛禽飛行時，最外側數枚初級飛羽長而分離，形成指狀分叉。

次端帶：羽緣內側或尾羽末端內側不同顏色的條帶。

顏盤：

鴟鴞科臉部有一圈特殊的羽毛，非常緊密地排布形成貌似貓臉的平面，具集音效果，可產生立體聽覺，並依靠這種聽力定位、捕食獵物。

額板：秧雞科董雞屬（*Gallicrex*）、黑水雞屬（*Gallinula*）和骨頂屬（*Fulia*）的前額具有與喙相連的角質物。

嘴甲（nail）：雁鴨上嘴尖端有一角質化結構，用來剪斷青草、豆殼或有甲殼的蝸牛等。

剛毛：某些鳥種嘴基部長有粗硬的羽毛。

楔形（wedge）：像是立體的三角形，類似蛋糕切成的形狀。

早成性：

雛鳥破殼時身體被有絨羽，兩眼睜開，2～3小時後絨羽漸乾，腳已能站立，並有視聽感覺，也能初步調節體溫，不久便能離巢追隨親鳥覓食，稱之為早成性或早熟性。

晚成性：

雛鳥孵化時，全身只有少許絨羽，翅小，腳弱，無法站立，張口閉眼，無法調節體溫，需要留在巢內，由親鳥抱溫、餵食一週以上，待體羽長滿，腳強翅大時，才離巢活動，謂之晚成性或留巢性鳥類。

外來種（引進種）：

非原產於臺灣的物種，而是經由各種人為管道來到臺灣的生物。外來種在新棲地存活、繁殖後，對該棲地原生種、環境、農業或人類造成傷害者，稱為入侵種。

古北界：包括歐洲、西伯利亞、非洲撒哈拉沙漠以北地區、西亞、中亞、日韓及中國除華南以外之地區。

東洋界：包括印度半島、中南半島、中國華南、臺灣及馬來群島。

難字讀音一覽表

疣	「一ㄡˊ」	鴹	「ㄎㄨㄤˊ」	椋	「ㄌ一ㄤˊ」
瀆	「ㄉㄨˊ」	鶚	「ㄜˋ」	鷚	「ㄌ一ㄡˋ」
髐	「ㄈㄨˊ」	鳶	「ㄩㄢ」	鶺	「ㄐ一ˊ」
騰	「ㄆ一ˋ」	鷲	「ㄐ一ㄡˋ」	鶹	「ㄌ一ㄥˊ」
鷈	「ㄊ一ˊ」	鷂	「一ㄠˋ」	鵡	「ㄨ」
驥	「ㄏㄨㄛˋ」	鵰	「ㄉ一ㄠ」	鳾	「ㄕ」
薙	「ㄊ一ˋ」	隼	「ㄓㄨㄣˇ」	頦	「ㄏㄞˊ」
雉	「ㄓˋ」	鷗	「彳」	脛	「ㄐ一ㄥˋ」
鰹	「ㄐ一ㄢ」	鴞	「ㄒ一ㄠ」	跗	「ㄈㄨ」
鸀	「ㄉㄨˊ」	鵂	「ㄒ一ㄡ」	蹠	「ㄓˊ」
鶿	「ㄘˊ」	鸕	「ㄌ一ㄡˊ」	鵳	「ㄐ一ㄢ」
鵜	「ㄊ一ˊ」	鷖	「ㄌ一ㄝˋ」		
鶘	「ㄏㄨˊ」	鵑	「ㄐㄩㄢ」		
鸘	「ㄒㄩㄢˊ」	鴂	「ㄐㄩㄝˊ」		
鸛	「ㄍㄨㄢˋ」	楔	「ㄒ一ㄝˋ」		
蠣	「ㄌ一ˋ」	鳲	「ㄕ」		
鸻	「ㄏㄥˊ」	鵯	「ㄅㄟ」		
鞠	「ㄩˋ」	鴝	「ㄑㄩˊ」		
鷸	「ㄩˋ」	赭	「ㄓㄜˇ」		
鶤	「ㄢ」	鶺	「ㄐ一ˊ」		
鶉	「ㄔㄨㄣˊ」	鶇	「ㄉㄨㄥ」		
鷗	「ㄓㄜˋ」	藪	「ㄙㄡˇ」		
鴣	「ㄍㄨ」	鷦	「ㄐ一ㄠ」		
鷳	「ㄒ一ㄢˊ」	鷯	「ㄌ一ㄠˊ」		

雁鴨科
Anatidae

分布於全球各地，大部分為候鳥。嘴扁平，上、下嘴緣有鋸齒突，上嘴先端有角質化嘴甲（nail），便於咬碎硬食。腳粗短具蹼，羽毛保暖防水，尾短，尾脂腺發達。大致可粗分為天鵝（swan）、雁（goose）、鴨（duck）三大類：天鵝與雁雌雄同色，素食性，多在淺灘或草地上覓食，以具有鋸齒的嘴扯斷葉子，然後送入食道中。鴨類則雌雄異色，雄鳥大部分羽色豔麗，雌鳥則多為褐色，大多具耀眼的翼鏡（wing mirror），可作為飛行時辨識的依據。鴨類又可分為 1. 麻鴨類，雌雄羽色相似，包括瀆鳧和花鳧，雜食性，於水面或陸上覓食。2. 樹棲性鴨類，雜食性，於樹上休息，營巢於樹洞，如鴛鴦及美洲鴛鴦屬之。3. 浮水鴨，在淺水泥灘或水面覓食，以寬扁的嘴左右掃動，利用嘴緣之細梳狀篩板過濾水或泥中食物，或以倒栽蔥方式啄取水下的植物，如小水鴨、尖尾鴨、琵嘴鴨等。4. 潛水鴨，以潛水方式攝取水生植物之莖、葉及甲殼類、軟體動物等，如鳳頭潛鴨及斑背潛鴨屬之。5. 秋沙鴨，體型流線，潛水速度快，嘴長，先端有鉤，嘴緣有尖銳的鋸齒突，便於潛水抓魚，吞食時會用嘴將魚轉向，由頭往下吞，避免遭魚鰭刺傷，如川秋沙、紅胸秋沙等。

樹鴨 / 栗樹鴨 *Dendrocygna javanica*

L38~40cm

屬名：樹鴨屬　　英名：Lesser Whistling-Duck　　生息狀況：迷

▲背部具褐色弧形羽緣，小覆羽及尾上覆羽紅褐色。

| 特徵 |
• 雌雄同色。虹膜深褐色，有不明顯橙黃色眼圈。嘴、腳灰黑色。
• 頭上深褐色，頭、頸至上胸淡褐色，背黑褐色，具褐色弧形羽緣，翼黑色。下胸及腹部栗褐色。
• 飛行時飛羽黑色，小覆羽及尾上覆羽紅褐色。

| 生態 |
分布於印度、中國南部、東南亞等地，主要為當地留鳥，臺灣僅有幾筆零星紀錄。出現於湖泊、沼澤及稻田地帶，喜棲息於樹上，停棲時身體挺直。夜間覓食，以植物嫩芽、草籽、穀類為食，兼食螺類。覓食、棲息及飛行時常會發出細嫩的哨聲，潛水能力強，飛行速度不快，築巢於樹洞。

灰雁 *Anser anser*

屬名：雁屬　　英名：Graylag Goose　　別名：紅嘴雁、灰腰雁　　生息狀況：迷（臺、馬），冬／稀（金門）

雁鴨科

相似種

白額雁、小白額雁
- 嘴基白斑明顯。
- 飛行時翼覆羽與飛羽羽色一致無對比。

▲成鳥頭、頸至背灰褐色，胸、腹淺灰色。

| 特徵 |
- 雌雄同色，雌鳥略小。虹膜深褐色，眼圈粉紅色或橙色。嘴、腳粉紅色。
- 成鳥頭、頸全背灰褐色，背部具淡色羽緣，腰灰色。胸、腹淺灰色，體側具黑褐色橫紋，腹有黑斑，尾上及尾下覆羽白色。
- 飛行時腰灰色，淺色翼覆羽與暗色飛羽對比明顯，尾羽外側及末端白色。

| 生態 |

繁殖於歐亞大陸北部，越冬於歐洲西南部、北非、中國南部、印度及中南半島。棲息於草原、沼澤及湖泊，體型笨重，需助跑才能起飛，飛行時鼓翼緩慢有力，呈「一」或「人」字隊形，有時邊飛邊叫，鳴聲宏亮清脆。生性機警，擅於地上行走，具游泳、潛水能力。於矮草地及農耕地攝取各種植物之根、莖、嫩芽與種籽為食，兼食螺、蝦、昆蟲，許多歐洲家鵝即由本種馴化而來。

▲飛行時覆羽與飛羽對比明顯。

▲與凍原豆雁混群。

▲飛行時腰灰色，尾羽外側及末端白色，中為凍原豆雁。

▲體型笨重，需助跑起飛。

▲眼圈、嘴及腳粉紅色。

鴻雁 *Anser cygnoides*

L81~94cm.WS165~185cm

屬名:雁屬　　英名:Swan Goose　　別名:野鵝　　生息狀況:冬 / 稀

相 似 種

家鵝、豆雁
• 家鵝嘴較短,上嘴基有瘤狀隆起。
• 豆雁嘴先端內側橘黃色明顯,頭至
　頸部皆為暗褐色。

▲於臺灣度冬的鴻雁家族。

| 特徵 |

• 雌雄同色。虹膜褐色。嘴黑且長,與前額成一直
　線,嘴基有白色細環。腳橘黃色。
• 成鳥頭上至後頸暗茶褐色,背部暗褐色,具淡色
　羽緣,翼黑褐色。頰、頸至上腹淡褐色,頸側羽
　色較淡,脇有黑褐色橫斑,下腹至尾下覆羽白色。
• 飛行時尾上中央暗褐色,周邊白色,尾羽灰黑色,
　外側及末端白色。
• 幼鳥嘴基無白色細環,頭上至後頸羽色較暗,脇
　黑褐色橫斑不明顯。

▲成鳥嘴基有白色細環。

| 生態 |

繁殖於西伯利亞、蒙古、中國東北,越冬於朝鮮半
島、日本、中國東部及長江中下游,臺灣位於度冬
區之外圍,僅零星出現。出現於湖泊、草澤、河口
等溼地,性好結群,遷徙時飛行成「一」或「人」
字隊形。白天於淺灘或岸邊休息,夜間覓食各種草
本植物與種籽,亦食少量甲殼類與軟體動物。家鵝
為本種馴化育種而來,由於棲地喪失,加上過度狩
獵,族群快速減少,名列全球「易危」鳥種。

▲成鳥頭上至後頸茶褐色。

27

▲臺灣位於度冬區外圍，僅零星出現。

▲白天於淺灘或岸邊休息。

▲幼鳥嘴基無白色細環，脇黑褐色橫斑不明顯。

▲飛行時腰暗褐色，尾上中央暗褐色，周邊白色。

白額雁 *Anser albifrons*

屬名：雁屬　英名：Greater White-fronted Goose　生息狀況：冬／稀

| 相 | 似 | 種 |

小白額雁、灰雁
- 小白額雁體型較小，嘴、頸較短，上嘴基白色範圍延伸至額頭，眼圈黃色醒目。
- 灰雁胸、腹羽色較淡，飛行時淺色翼覆羽與暗色飛羽對比明顯。

▲成鳥攜幼鳥覓食。

| 特徵 |

- 雌雄同色。虹膜深褐色，眼圈黃色不明顯。嘴粉紅偏黃，上嘴基有白色環斑，白斑後緣黑色。腳橘黃色。
- 成鳥頭、頸及背面暗褐色，背部具淡色羽緣；翼、尾羽黑褐色，尾羽末端白色。胸、腹灰褐色，具不規則黑色粗橫斑；下腹、尾上及尾下覆羽白色。
- 幼鳥嘴橘黃色，嘴基無白斑，腹部無黑斑。

▲成鳥胸腹具黑色粗橫斑。

| 生態 |

廣布於歐亞大陸及北美洲，繁殖於北半球苔原帶，越冬至溫帶地區之湖泊、水庫、溼地與收割後的農田。飛行敏捷，呈「一」或「人」字隊形，時常發出高亢的鳴叫聲。成小群活動，常和豆雁、鴻雁混群，起飛和下降靈活，擅於地上行走、奔跑，亦擅游泳。以水草嫩葉為主食，兼食草籽、穀類、根莖等。

▲幼鳥嘴基無白斑，腹部無黑斑。

雁鴨科

▲上成鳥下幼鳥。

▲喜歡收割後的農田。

▶成鳥上嘴基有白色環斑，白斑後緣黑色。

▲以水草嫩葉、草籽及穀類為食。

▲幼鳥。

小白額雁 *Anser erythropus*

屬名：雁屬　　英名：Lesser White-fronted Goose　　別名：弱雁　　生息狀況：過／稀

相似種

白額雁
- 體型較大。
- 嘴、頸較長。
- 嘴基白色範圍較窄。
- 眼圈黃色不明顯。

▲成鳥腹部有黑斑。

▲左邊二隻為幼鳥，腹部無黑斑。

| 特徵 |
- 雌雄同色。似白額雁，惟體型較小，嘴、頸較短，嘴基周圍白斑延伸至前頭，眼圈黃色明顯。
- 幼鳥腹部無黑色橫斑。

| 生態 |
繁殖於歐亞大陸極地苔原帶，東亞族群越冬於中國長江中下游及東南沿海地區，多於晚上遷徙，飛行呈「一」或「人」字隊形。在臺灣出現者常為失群之孤鳥，常與白額雁混群，出現於河口、沼澤、草原及農田地帶，性敏捷，擅奔跑泳潛，以植物之嫩葉、嫩草及穀類為食，由於狩獵及棲地喪失，致族群大幅減少，名列全球「易危」鳥種。

▲以嫩草、穀類為食。

▲出現於河口、沼澤及農田。

▲嘴基白斑延伸至前頭，眼圈黃色明顯。

▲出現於臺灣者，常為失群孤鳥，本圖個體喜與白冠雞為伍活動。

寒林豆雁 *Anser fabalis*

L76~89cm.WS152~175cm

屬名：雁屬　　英名：Taiga Bean-Goose　　生息狀況：冬／稀

相 似 種

凍原豆雁
- 體型較小。
- 頸較短、嘴短而粗、額較陡峭。

▲寒林豆雁似凍原豆雁，但體型較大，頸及嘴較長、額較平緩。

▲左成鳥，右為幼鳥，腹面偏褐。

| 特徵 |
- 出現於臺灣者為 *middendorffii* 亞種（Eastern Taiga Bean-Goose），似凍原豆雁，但體型較大，頸、嘴及腿較長，額較平緩。

| 生態 |
繁殖於斯堪地那維亞至烏拉山、貝加爾湖以東之寒帶針葉林，越冬於中歐、南歐、南亞及東亞，習性同凍原豆雁。

雁鴨科

▲出現於河口、溼地及農田。

▲出現於臺灣者為 *middendorffii* 亞種。

▲遷徙途中經常光顧農田。

▲體型較凍原豆雁大。

凍原豆雁 *Anser serrirostris*

屬名：雁屬　　英名：Tundra Bean-Goose　　生息狀況：冬 / 稀

相似種

寒林豆雁
- 體型較大。
- 頸及嘴較長、額較平緩。

▲嘴先端內側具橘黃色條帶。

| 特徵 |

- 雌雄同色。虹膜深褐色。嘴黑色，先端內側具橘黃色條帶。腳橘黃色。
- 成鳥頭至頸部暗褐色，背部、翼黑褐色，有淡色羽緣。胸至上腹羽色較淡，下腹至尾下覆羽白色。幼鳥羽色偏褐。
- 飛行時尾上覆羽白色，尾羽黑褐色，外側及末端白色。

| 生態 |

黑嘴前端具明亮的橘黃色條帶，遠望宛若口銜黃豆，為「豆雁」命名由來。繁殖於俄羅斯及西伯利亞北部苔原帶，越冬南遷至朝鮮半島、日本及中國中部、南部，遷徙時飛行呈「一」或「人」字隊形。單獨或小群出現於河口、溼地、湖泊、開闊草原及農田，多於陸地活動，性機警，覓食或棲息時常輪流伸長頸子警戒。以植物嫩葉、幼芽為食，偶爾取食少量軟體動物，遷徙途中經常光顧農田，取食小麥等作物，因而不受農夫歡迎。

▲飛行時尾上覆羽白色。

▲體型較寒林豆雁小，頸較短。

雁鴨科

▲凍原豆雁與灰雁混群。

▲喜歡在農田覓食。

▲凍原豆雁頸部長度個體差異很大。

▲左灰雁，右凍原豆雁。

斑頭雁 *Anser indicus*

屬名:雁屬　　英名:Bar-headed Goose　　別名:白頭雁、黑紋頭雁　　生息狀況:迷

▲成鳥頭和頸側白色，頭後有二道黑色橫帶。

| 特徵 |

- 雌雄同色。虹膜暗褐色，嘴橙黃色，嘴甲黑色，腳橙黃色。
- 成鳥頭和頸側白色，頭後有二道黑色橫帶，頦、喉汙白色染棕黃，前頸及後頸暗褐色。背部淡灰褐色，有淡色羽緣形成鱗狀斑，外側初級飛羽灰色，先端黑色，內側初級飛羽及次級飛羽黑色。腰及尾上覆羽白色，尾灰褐色，具白色端斑。胸至上腹灰色，下腹及尾下覆羽汙白色，脇暗褐色，有淡色羽緣。
- 幼鳥頭頂汙黑色，不具橫斑。頸灰褐色，頸側無白色縱紋。胸、腹灰白色，脇淡灰色。

| 生態 |

為高原鳥類，分布於中亞、克什米爾、蒙古及中國，越冬於印度、巴基斯坦、緬甸及中國雲南等低地湖泊、河流及沼澤，遷徙時可飛越喜馬拉雅山脈。繁殖於高原湖泊溼地及沼澤地。主要以植物莖、葉、根、種籽、漿果及豆科植物種籽等為食，也吃貝類、軟體動物與小昆蟲。繁殖期喜群聚，越冬及遷徙季節成小群活動。2021年1月初宜蘭無尾港溼地首度記錄一群8隻，之後飛抵塭底、壯圍及蘭陽溪口等地活動，停留至2月底離開。

▲ 2021年1月初首度於宜蘭無尾港溼地記錄。

▲以植物莖、葉、根、種籽等為食。

▲遷徙時可飛越喜馬拉雅山脈。

▲越冬及遷徙季節成小群活動。

▲斑頭雁為高原鳥類。

▲ 2021 年 1 月攝於宜蘭塭底。

▲背部淡灰褐色，有淡色羽緣形成鱗狀斑。

▲脇暗褐色，有淡色羽緣。

黑雁 *Branta bernicla*

L55~66cm.WS110~120cm

屬名：黑雁屬　　英名：Brant　　生息狀況：迷

相似種

小加拿大雁
• 頸較長。
• 頰具白斑。
• 無白色半頸環。

▲頭、頸至上胸黑色，上頸具白斑，游荻平攝。

| 特徵 |

• 雌雄同色。虹膜暗褐色。嘴、腳黑色。

• 頭、頸至上胸黑色，上頸具白斑，在前頸形成半頸環。背、下胸至上腹黑褐色，背具淡色羽緣。下腹白色，體側具白色斑紋。尾上、下覆羽白色，尾羽黑色。

| 生態 |

繁殖於西伯利亞及北美洲極地苔原帶，越冬於歐洲、日本、中國東部沿海及北美洲南部，出現於沿海草地及河口，少與其他種類混群，常貼近水面低飛，以水草及植物嫩葉爲食。本種僅 1985年 12 月高屏溪 3 隻及 2000 年 11 月臺南四草 1 隻兩筆紀錄。

小加拿大雁 *Branta hutchinsii*

屬名：黑雁屬　　英名：Cackling Goose / Lesser Canada Goose　　別名：黑額黑雁　　生息狀況：迷

雁鴨科

▲頰至喉具白色斑塊，游荻平攝。

| 特徵 |
- 雌雄同色。虹膜暗褐色。嘴、腳黑色。
- 頸長，頭至頸黑色，頰至喉具白色斑塊。背黑褐色，具淡色羽緣，胸以下灰色，體側具黑褐色橫紋。尾上、下覆羽白色，尾羽黑色。

| 生態 |
繁殖於阿拉斯加及加拿大北部，越冬於墨西哥、加州及德州。群聚性，棲息於平原湖泊、沼澤以及平緩河流等水域，以水草嫩葉及農作物為食。

相 似 種
黑雁
- 體色較深。
- 頸較短。
- 上頸具白色半頸環。
- 頰無白斑。

疣鼻天鵝 *Cygnus olor*

屬名：天鵝屬　　英名：Mute Swan　　別名：瘤鵠　　生息狀況：冬／稀

▲游水時頸彎曲，體態優雅。

| 特徵 |

- 雌雄同色，雌鳥略小。虹膜暗褐色。上嘴
橘紅色，先端中央及下嘴黑色。腳黑色。
- 全身白色，雄鳥前額基部有黑色瘤狀突起，
眼先黑色與黑色嘴基相連。
- 雌鳥瘤突不發達。幼鳥絨灰或汙白色，嘴
灰紫色，無瘤突。

| 生態 |

繁殖於歐洲至中亞、中國北部之草原湖泊，
越冬於北非、印度、中國南部等地，為最大
也是最重的游禽，起飛時雙翅須猛烈拍打
水面並助跑始能升空。棲息於水草豐盛之湖
泊、河灣、水庫、沼澤等，游水時頸部彎曲，
兩翼常高拱，由於體態優雅，常被引入馴養
於公園作為觀賞鳥。主要生活在水中，以水
生植物之根、莖、葉為食，兼食少量無脊椎
動物、魚蝦、蛙類與昆蟲等。

▲雄鳥前額有黑色瘤突。

小天鵝 *Cygnus columbianus*

屬名:天鵝屬　　英名:Tundra Swan　　別名:鵠　　生息狀況:迷

相似種

黃嘴天鵝、疣鼻天鵝
- 黃嘴天鵝體型較大,上嘴之黃斑範圍較廣,延伸超過鼻孔下方成尖形。
- 疣鼻天鵝體型甚大,上嘴橘紅色,基部有明顯之黑色瘤狀突起。

▲成鳥全身白色,頭至頸部略帶黃褐色。

| 特徵 |
- 雌雄同色。虹膜暗褐色。嘴黑色,眼先至上嘴基黃斑不超過鼻孔。腳黑色。
- 成鳥全身白色,頭至頸部略帶黃褐色。
- 幼鳥全身淡灰褐色,嘴基白色或粉紅色,嘴端黑色。

| 生態 |
繁殖於歐洲、亞洲、北美洲之苔原地帶,越冬於歐洲、中亞、日本、中國長江流域及東南沿海。出現於湖泊、河口及沼澤地帶,喜歡於泥灘或泥濘水田等環境活動,將頭探入水中取食淺水區各種水草之根、莖、種籽等,偶爾攝取少量水生昆蟲和螺類等。行動謹慎,游水時頸部伸直,覓食時常伸頸警戒,集體覓食時亦會輪流警戒。臺灣往年紀錄不多,惟2007年除了各地零星紀錄外,11月底宜蘭陸續紀錄36隻,為有史以來最大量。

▲亞成鳥嘴基開始出現黃斑。

▲幼鳥嘴基白色或粉紅色。

雁鴨科

▲小天鵝家族。

◀集體活動覓食。

▶飛行時頸部伸直。

▲成鳥,喜歡於泥灘或泥濘水田等環境活動。

▲攝取各種水草之根、莖、種籽為食。

黃嘴天鵝 / 大天鵝 *Cygnus cygnus*

L140~160cm.WS205~235cm

屬名：天鵝屬　　英名：Whooper Swan　　生息狀況：迷

相似種

黃嘴天鵝、疣鼻天鵝

• 黃嘴天鵝體型較大，上嘴之黃斑範圍較廣，延伸超過鼻孔下方成尖形。
• 疣鼻天鵝體型甚大，上嘴橘紅色，基部有明顯之黑色瘤狀突起。

▲游水時頸伸直，體態優雅。

| 特徵 |

• 雌雄同色，雌鳥略小。虹膜暗褐色。嘴黑色，眼先至上嘴黃斑延伸超過鼻孔下方成尖形。腳黑色。
• 成鳥全身白色，頭部稍沾棕黃色。
• 幼鳥全身淡灰褐色，頭和頸部較暗，嘴基粉紅色，嘴端黑色。

| 生態 |

繁殖於歐亞大陸北部，越冬於中歐、中亞、朝鮮半島、日本、中國華中及東南沿海一帶，常成小群或家族遷徙，飛行呈「一」或「人」字隊形，鳴聲響亮。棲息於水草豐盛之湖泊、河灣、河口及沼澤，常浮游於廣闊水域，游水時頸部伸直，體態優雅。以觸覺靈敏且強而有力的嘴挖取水生植物之根、莖、葉及種籽為食，偶爾取食少量軟體動物、水生昆蟲和蚯蚓。在度多地常和小天鵝混群，由於體大笨重，起飛時雙翅須猛烈拍打水面並助跑始能升空。臺灣除宜蘭羅東於 1969 年 3 月捕獲 2 隻、1980 年遭獵殺 7 隻外，近年僅 2015 年 12 月宜蘭釣鱉池 1 筆紀錄。

註：分布於東亞地區者為 *C. c. bewickii* 亞種，眼先至上嘴基之黃斑範圍較大；分布於北美洲之指名亞種 *C. c columbianus* 僅眼先有小黃斑，部分個體嘴色全黑。

大、小天鵝嘴部比較

▲大天鵝嘴基黃斑延伸至鼻孔下方。

▲小天鵝嘴基黃斑不超過鼻孔。

▲成鳥全身白色，頭部稍沾棕黃。

▲ 2015 年 12 月攝於宜蘭釣鱉池。

▲棲息於水草豐富之湖泊、沼澤。

▲起飛時雙翅須拍打水面並助跑升空。

▲游水時頸伸直，體態優雅。

瀆鳧 / 黃麻鴨 *Tadorna ferruginea*

屬名:麻鴨屬　　英名:Ruddy Shelduck　　別名:赤麻鴨　　生息狀況:冬 / 稀

雁鴨科

▲出現於湖泊、河口、沙洲、沼澤及農耕地帶。

| 特徵 |

• 虹膜暗褐色。嘴、腳黑色。
• 雄鳥繁殖羽頭至上頸棕黃色，臉有部分為白色，具黑色細頸環，下頸以下橙黃褐色，翼上有白斑及具光澤之暗綠色翼鏡。非繁殖羽頸部無黑色細環。
• 雌鳥似雄鳥，但羽色較淡，頭至上頸黃白色，無黑色頸環。
• 飛行時翼之上、下覆羽白色，初級飛羽及尾羽黑色，與橙黃褐色體羽對比明顯。

| 生態 |

繁殖於歐洲東南、地中海沿岸、非洲西北、中亞、中國東北與西北，越冬於日本、朝鮮半島、中國華中與華南、中南半島、南亞及非洲尼羅河流域等地。生態多樣，從高原至平原溼地沼澤都能適應。出現於湖泊、河口、沙洲、沼澤及農耕地帶，個性機警，擅游水和步行。以水生植物之葉芽、種籽、農作物幼苗、穀物等為食，亦食昆蟲、甲殼類及軟體動物等，多於晨昏覓食。

▲雄鳥有黑色頸環。

▲初級飛羽及尾羽黑色。

▲飛行時翼之上、下覆羽白色。

▲擅游水和步行。

▲雄鳥非繁殖羽，黑色頸環不明顯。

▲雌鳥額、眼周及嘴基周圍白色。

▲翼鏡暗綠色具光澤。

▲以水生植物葉芽、種籽等為食。

花鳧 / 翹鼻麻鴨 *Tadorna tadorna*

L55~65cm.WS100~133cm

屬名:麻鴨屬　　　英名:Common Shelduck　　　生息狀況:冬 / 稀

相|似|種

綠頭鴨、琵嘴鴨
•綠頭鴨雄鳥嘴黃綠色。
•琵嘴鴨嘴呈匙狀，非紅色。

▲雄鳥非繁殖羽上嘴基部無紅色瘤突，羽色較淡。

| 特徵 |
• 虹膜暗褐色。嘴紅色略上翹。腳肉紅色。
• 雄鳥繁殖羽上嘴基有紅色瘤狀突起，體羽主要為白色，頭至上頸及翼鏡為暗綠色具光澤，肩羽、
　飛羽及尾羽末端黑色。胸有栗褐色寬橫帶延伸至背，胸腹中央有黑色寬縱帶，尾下覆羽栗褐色。
　非繁殖羽上嘴基部無紅色瘤突，羽色較淡。
• 雌鳥體型略小，羽色較淡，多數嘴基有白色細斑，上嘴基無紅色瘤突，胸背栗褐橫帶較窄。
• 亞成鳥臉側有白斑，體色較淡而斑駁。
• 飛行時翼之上、下覆羽白色，肩羽、初級飛羽黑色。

| 生態 |
廣布於歐、亞、非洲，繁殖於西歐至東
亞，越冬至日本、朝鮮半島、中國東南
沿海、中南半島、南亞及北非等地。零
星出現於海邊灘地、河口、湖泊、沼
澤、鹽田等地帶。雜食性，以牡蠣、螺
貝、蝸牛、小魚等為食，也吃昆蟲、蛙
類及苔蘚植物。因有掘土營巢習慣，而
有「掘穴鴨」之稱。

▲雜食性，以螺貝、蝸牛、小魚、昆蟲及苔蘚植物為食。

▲飛行時翼上、下覆羽白色，左雌鳥，右幼鳥。

▲幼鳥羽色斑駁，臉側有白斑。

▲出現於河口、湖泊、沼澤等地帶。

▲雌鳥羽色較淡，嘴基有細白斑。

▲雄鳥上嘴基有瘤突。

棉鴨 *Nettapus coromandelianus*

L30~38cm.WS55~60cm

屬名：棉鴨屬　　英名：Cotton Pygmy-Goose　　別名：棉鳧、綠背棉鳧　　生息狀況：冬／稀

▲雄鳥繁殖羽背、翼暗綠色具光澤。

| 特徵 |

• 雄鳥虹膜紅色，眼周黑色，嘴、腳黑色。繁殖羽額至頭頂黑褐色，頭至頸大致白色。頸基有墨綠色領環，背、翼暗綠色具光澤。胸以下白色，脇灰白色有暗色細紋，尾羽黑色。非繁殖羽背、翼綠色較淡，領環黑色。

• 雌鳥虹膜深色，下嘴黃褐色。額至頭頂及過眼線黑褐色，背部黑褐色。頭、頸、胸汙白色，頸、胸有黑褐色細波紋。腹以下汙白色，脇灰褐色。

• 幼鳥似雌鳥，羽色較淡。

• 飛行時，雄鳥翼尖黑色，初級飛羽內側及次級飛羽末端白色，覆羽暗綠色。雌鳥僅次級飛羽末端白色，覆羽黑褐色。

| 生態 |

分布於中國華南者為夏候鳥，冬季遷移至印尼群島及澳洲東北部；分布於印度、中南半島者為留鳥。本種為臺灣有紀錄之雁鴨科體型最小者，出現於水草豐富，有浮葉或挺水植物之池塘、湖泊、沼澤等安靜水域，平常待在水面，少於地面活動，偶爾會停棲於浮木上，常伸頸或跳躍啄食岸邊的草花、種籽以及水面的昆蟲等。

▲雄鳥飛行時初級飛羽內側及次級飛羽末端白色。

▲雄鳥繁殖羽。

▲雄幼鳥，翼覆羽呈墨綠色光澤。

▲雌鳥虹膜深色，下嘴黃褐色。

▲雄幼鳥，初級飛羽內側及次級飛羽末端白色。

鴛鴦 *Aix galericulata*

II L41~51cm.WS65~75cm

屬名:鴛鴦屬　　英名:Mandarin Duck　　別名:官鴨　　生息狀況:留、過／稀

相似種

林鴛鴦
• 雌鳥白眼圈呈淚滴狀。

▲左雌鳥，右雄鳥，雄鳥於秋、冬換上繁殖羽進行配對。

| 特徵 |

• 虹膜暗褐色。腳橙黃色。

• 雄鳥繁殖羽嘴鮮紅色，先端黃白色。羽色豔麗具光澤，額、頭頂深藍綠色，後頭栗紫色，後頸有暗藍綠色長飾羽。頰橙黃色，羽毛延伸至頸部；眼周圍白色，眼後有白色長飾羽延伸至後頸側。背橙色帶有藍、綠色金屬光澤，三級飛羽特化為橙黃色帆狀飾羽，翼鏡藍綠色，末端白色。下頸、胸暗紫色，胸側有 2 條黑白相間條紋，脇土黃色，腹以下白色。

• 雄鳥非繁殖羽似雌鳥，但嘴為淡橙紅色。

• 雌鳥嘴黑褐色，基部有白色細環。頭至頸灰色，眼周圍白色延伸至眼後。背暗褐色，翼鏡藍綠色，末端白色。胸、脇暗褐色，有淡褐色斑點，腹以下白色。

| 生態 |

分布於東亞，繁殖區包括俄羅斯、中國東北、朝鮮半島及日本等地，中國東北族群越冬於華南地區，棲息於中、低海拔山區之溪流、湖泊、沼澤地帶。雜食性，以植物嫩芽、果實、草籽、穀類、藻類及昆蟲、蝸牛、蛙類、小魚等為食。繁殖期自 4 月到 9 月，多於水邊喬木樹洞中營巢，雛鳥出生後雄鳥即離開，由雌鳥負責育雛，剛離巢的雛鳥會由雌鳥引導直奔溪邊。臺灣留鳥主要分布於山區湖泊、水庫和溪流，北部福山植物園、翠峰湖、鴛鴦湖；中部大甲溪流域之德基水庫、武陵七家灣溪及有勝溪；南部大、小鬼湖等均有繁殖紀錄。由於棲地喪失、人為干擾等威脅，名列臺灣珍貴稀有保育類野生動物。

雁鴨科

▲繁殖期自 4 月至 9 月，於水邊喬木樹洞營巢。

▲雄鳥繁殖羽，三級飛羽特化為橙黃色帆狀飾羽。

▲由雌鳥負責育雛。

▶雌鳥。

▲雄鳥非繁殖羽似雌鳥，
但嘴淡橙紅色。

◀林鴛鴦雌鳥白眼
圈呈淚滴狀。

▲雄鳥於秋、冬換上繁殖羽。

雁鴨科

▲左雌鳥，右雄鳥。

巴鴨 / 花臉鴨 *Sibirionetta formosa*

屬名:鮮卑鴨屬　　英名:Baikal Teal　　生息狀況:冬 / 稀

相似種

白眉鴨、小水鴨
- 白眉鴨雌鳥眼上下有白色線斑。
- 小水鴨雌鳥嘴基部內側無白色圓斑。

▲雄鳥臉上有黃、綠色彎月形斑。

| 特徵 |
- 虹膜暗褐色。嘴黑色。腳黃色。
- 雄鳥頭上至後頸黑褐色，兩側有白細線。喉黑色，臉有黃、綠色彎月形斑，間有黑、白細線，似「巴」字或「太極」圖樣。背至尾羽灰褐色，肩羽甚長，呈白、黑、橙三色。前頸至胸紫褐色，具暗色細線，頸基、胸側及臀側各有白色橫線；腹、脇灰白色，脇有黑色細鱗紋，尾下覆羽黑色。
- 雌鳥眉線淡褐色，過眼線黑褐色，眼下有淡色弧紋，嘴基內側具明顯淡色或白色圓斑。背面黑褐色，羽緣黃褐色；胸以下淡褐色，有暗褐色斑點。
- 飛行時翼鏡綠色，上緣橙色，下緣白色。

| 生態 |
繁殖於西伯利亞中部及東部，越冬至中國華中與華南、朝鮮半島及日本。出現於沼澤、河口、湖泊、水塘等水域，在繁殖區或主要度多區常成大群，亦常與其他鴨種混群。白天於水面或岸邊棲息，夜間到田野或水邊淺水處覓食，以草籽、穀類、田螺、水藻及昆蟲等為食，在臺灣僅零星出現。

▲雌鳥眼下有淡色弧紋。

▲雄鳥，脇有黑色細鱗紋。

▲雌鳥嘴基內側具淡色圓斑。

▲雄鳥一齡冬羽。

▲以草籽、穀類、田螺、水藻及昆蟲等為食。

▲翼鏡綠色，上緣橙色，下緣白色。

▶出現於沼澤、河口、湖泊、水塘等水域。

白眉鴨 *Spatula querquedula*

L37~41cm.WS58~69cm

屬名:琵鴨屬　　英名:Garganey　　生息狀況:冬／稀，過／普

相似種

小水鴨、巴鴨
• 小水鴨及巴鴨雌鳥眼上下無白色線斑。
• 巴鴨雌鳥嘴基內側白色圓斑較大而明顯。

▲雄鳥繁殖羽，白色寬眉線延伸至後頸側。

| 特徵 |

• 虹膜暗褐色。嘴黑色。腳灰黑色。

• 雄鳥繁殖羽頭上暗褐色，臉、頸栗褐色，有暗色細縱紋，白色寬眉線延伸至後頸側。背至尾羽褐色，羽緣白色，肩羽甚長，黑、白、藍灰色相間。胸褐色，有暗色鱗紋，腹、脇白色，脇有黑色細波紋，尾下覆羽淡灰褐色，有黑褐色細斑。非繁殖羽似雌鳥。

• 雌鳥過眼線暗褐色，上下各有白色線斑，嘴基內側有淡色斑；背面大致暗褐色，羽緣淡色；胸以下淡褐色，有暗褐色斑點。

• 飛行時，雄鳥翼上覆羽藍灰色，翼鏡亮綠色，上、下緣白色。雌鳥翼上覆羽灰褐色，翼鏡暗橄欖色。

| 生態 |

繁殖於歐亞大陸中北部，冬季南遷至歐洲南部、非洲、日本、中國華中與華南、印度、中南半島、東南亞及澳洲北部等地度冬。每年秋季9、10月及春季3、4月出現於河口、沼澤、水塘、湖泊等水域地帶，為普遍過境鳥，少部分留在臺灣越冬。白天結群於水岸，夜間於農田、沼澤和水邊淺水處覓食，以植物種籽、根、葉及螺類、浮游生物、蠕蟲等為食。

▲雌鳥過眼線暗褐色，上下各有白色線斑。

▲雄鳥翼上覆羽藍灰色，翼鏡亮綠色，上、下緣白色。

▲左雄鳥，右雌鳥。

▲雄鳥非繁殖羽，換繁殖羽中。

▲雄鳥繁殖羽。

琵嘴鴨 *Spatula clypeata*

屬名:琵鴨屬　　英名:Northern Shoveler　　別名:鏟土鴨、寬嘴鴨　　生息狀況:冬/普

雁鴨科

▲雄鳥繁殖羽。

▲雄一齡幼鳥,虹膜橘黃色,嘴近黑,覆羽藍灰色。

| 特徵 |

• 嘴長且寬,先端呈匙狀。腳橘黃色。

• 雄鳥繁殖羽虹膜黃色,嘴黑色。頭、頸紫綠色具金屬光澤,背部黑色,雜有白色及褐色羽毛。胸白色,腹、脇栗褐色,尾羽白色,尾上、下覆羽黑綠色。非繁殖羽似雌鳥,但虹膜黃色。

• 雌鳥虹膜褐色,嘴褐色至橘黃色。全身褐色斑駁,羽緣淡褐色,過眼線黑褐色。

• 飛行時,雄鳥翼上覆羽藍灰色,初級飛羽暗褐色,翼鏡綠色,上緣白色;翼下覆羽白色。雌鳥覆羽鼠灰色。

| 生態 |

繁殖於歐洲、亞洲、北美洲,越冬於歐洲南部、北非、日本、中國長江中、下游以南、南亞、菲律賓、北美洲南部至墨西哥等地。10月至翌年3月出現於河口、沙洲、沼澤、湖泊等開闊水域,常混於其他鴨種群中。嘴特化成匙狀,上、下喙具細梳狀篩板,可以有效過濾水中食物,常以倒栽蔥方式將頭潛入水中覓食,也會在淺水泥灘以嘴挖掘泥沙,或於水面左右掃動,濾取軟體動物、浮游生物、甲殼類、昆蟲、小魚等為食,亦食植物種籽、果實。

▲雌鳥虹膜褐色,嘴褐色至橘黃色。

▲雄末成鳥，上、下喙具細梳狀篩板。　　▲雄鳥非繁殖羽。

▲常成群聚集繞圈游動，製造漩渦以捲起水下生物。

▲雄鳥繁殖羽，覆羽藍灰色，翼　▲雌鳥覆羽鼠灰色，尾上覆羽暗　▲雄鳥非繁殖羽，尾上、下覆羽
鏡綠色，上緣白色。　　　　　　褐色。　　　　　　　　　　　　黑綠色。

▲雄鳥繁殖羽頭、頸紫綠色具金屬光澤。　　▲雄鳥胸白色，腹、脇栗褐色。

61

赤膀鴨 *Mareca strepera*

L46~58cm.WS84~95cm

屬名：亞鴨屬　　英名：Gadwall　　生息狀況：冬 / 不普

相似種

綠頭鴨、尖尾鴨、羅文鴨

- 綠頭鴨雌鳥額扁平，翼鏡藍紫色。
- 尖尾鴨雌鳥嘴黑色，頸較長，過眼線不明顯，尾羽較尖。
- 羅文鴨雌鳥嘴黑色，頭及頸羽色偏灰，無黑褐色過眼線。

▲雄鳥繁殖羽，下頸、胸及體側灰色，有白色細波紋。

| 特徵 |

- 虹膜褐色。腳橙黃色。
- 雄鳥嘴黑色，繁殖羽頭至上頸灰褐色，有黑色細斑及黑褐色細過眼線。下頸、胸及體側灰色，有白色細波紋。背羽紅褐色，具淡色羽緣。腹白色，尾羽灰色，尾上及尾下覆羽黑色。非繁殖羽似雌鳥，但背面灰色較濃，中覆羽紅褐色。
- 雌鳥嘴峰黑色，嘴側橙黃色。全身大致黃褐色，具黑褐色軸斑及淡色羽緣，過眼線黑褐色。腹以下白色，尾下覆羽有黑褐色斑。
- 飛行時翼鏡白色，雄鳥大覆羽黑色，中覆羽紅褐色明顯。

| 生態 |

繁殖於歐亞大陸中、北部及北美洲，越冬於歐亞大陸中南及東南部、北非及北美洲中部等地。每年10月至翌年3月出現於河口、草澤、水塘等水域，常成小群與其他鴨種混群。性機警，遇驚擾立即起飛，鼓翅快速有力。常將頭埋入水中濾取食物，或於水邊草叢攝取水生植物之嫩葉、草籽、穀物為食。

▲雌鳥嘴峰黑，嘴側橙黃，全身大致黃褐色。

◀左雌右雄，翼鏡白色，雄鳥中覆羽紅褐色。

▲雄鳥尾羽灰色，尾上及尾下覆羽黑色。

▲雄鳥中覆羽紅褐色。

◀雄鳥一齡冬羽。

▲雌鳥全身具黑褐色軸斑及淡色羽緣，尾下覆羽有黑褐色斑。

▲雄鳥繁殖羽。

63

羅文鴨 / 羅紋鴨 *Mareca falcata*

L46~54cm.WS78~82cm

屬名:亞鴨屬　　英名:Falcated Duck　　生息狀況:冬 / 稀

相似種
赤膀鴨
• 雌鳥嘴側橙色，有黑褐色過眼線。

▲左雄鳥，右雌鳥。

▲出現於湖泊、沼澤及河流等水域。

▲雌鳥全身大致褐色。

▲雄鳥喉至前頸白色明顯。

| 特徵 |
• 虹膜暗褐色。嘴黑色。腳暗灰色。
• 雄鳥頭上至後頸栗色，上嘴基有小白斑，頭側至後頸綠色與紫紅色具金屬光澤。喉至前頸白色，
　有黑色橫帶。背與脇灰白色，有黑色細波紋，三級飛羽黑、白兩色甚長，向下彎曲呈鐮刀狀。
　胸以下白色，有黑色鱗紋，尾及尾下覆羽黑色，兩側具乳黃色三角形塊斑。
• 雌鳥全身大致褐色，頭及頸部偏灰，有黑褐色斑紋。背部黑褐色，體側具明顯U形斑。
• 飛行時翼鏡暗綠色，上緣白色。

| 生態 |
繁殖於西伯利亞東南部、蒙古及中國東北，越冬於日本、朝鮮半島、中國華東至華南、緬甸及印
度北部等地。11月至翌年4月出現於湖泊、沼澤及河流等水域，常混群於其他鴨種中，性羞怯
機警，飛行靈活迅速。白天於岸邊草叢休息，晨昏至淺水處或農田覓食。常以倒栽蔥方式將頭潛
入水中覓食，或於岸邊攝取植物之幼葉、嫩芽或種籽。

雁鴨科

▲成小群活動。

▲雄鳥三級飛羽黑、白兩色甚長，向下彎曲。

▲雌鳥體側有明顯 U 形斑。

▲雄鳥背與脇灰白色，有黑色細波紋。

▲晨昏於淺水處或農田覓食。

赤頸鴨 *Mareca penelope*

屬名:亞鴨屬　　英名:Eurasian Wigeon　　別名:赤頸鳧、紅頭仔（臺）　　生息狀況:冬 / 普

雁鴨科

相似種

紅頭潛鴨
•頭上非乳黃色，胸黑色。

▲雄鳥頭至上頸赤褐色，額至頭頂乳黃色。

| 特徵 |
• 虹膜暗褐色。嘴鉛色，先端黑色。腳灰黑色。
• 雄鳥頭至上頸赤褐色，額至頭頂乳黃色，後頸、
　背、脇灰色，有黑色細波紋，體側白斑甚醒目。
　下頸、胸淡栗色，腹白色，尾下覆羽黑色。非
　繁殖羽似雌鳥，但翼覆羽白色。
• 雌鳥略小，頭、頸至胸褐色，有黑褐色斑，眼
　周有黑暈；背黑褐色，羽緣淡色。腹以下白色，
　尾下覆羽有暗褐色斑。
• 飛行時，雄鳥翼上覆羽白色，翼鏡綠色，下緣
　黑色；雌鳥翼上覆羽灰褐色。

▲雄鳥，翼上覆羽白色，翼鏡綠色。

| 生態 |
繁殖於歐亞大陸北部，越冬於歐洲南部、北非、
日本、中國東南、南亞、中南半島、菲律賓等地
區。每年 10 月至翌年 4 月出現於河口、沙洲、
湖泊、草澤等水域，中南部及金門度冬族群較
多，常聚集成大群，主食植物嫩芽、根、莖等，
也會濾食水面的藻類，性害羞，飛行快速，常發
出響亮的叫聲。

▲雌鳥，翼上覆羽灰褐色。

▲雌鳥眼周有黑暈。

▲雌鳥腹部以下白色，尾下覆羽有暗褐色斑。

▲主食植物嫩芽、根、莖等。

▲雄鳥體側有白斑，甚醒目。

葡萄胸鴨 *Mareca americana*

L45~56cm.WS76~89cm

屬名:亞鴨屬　　英名:American Wigeon　　生息狀況:迷

相似種

赤頸鴨

•雄鳥頭赤褐色，背、脅灰色。
•雌鳥頭偏褐色。

▲雄鳥繁殖羽，眼周至後頸有綠色寬帶，游荻平攝。

| 特徵 |

• 虹膜暗褐色。嘴鉛灰色，先端黑色。腳暗
　灰色。

• 雄鳥繁殖羽額至後頭乳白色，眼周至後頸
　有綠色寬帶，頰至上頸密布黑色細斑。背、
　胸、脅紫褐色具黑色細波紋，腹白色，尾
　下覆羽黑色。非繁殖羽似雌鳥，但翼覆羽
　白色。

• 雌鳥頭及頸灰色，密布黑色細斑，背部黑
　褐色，羽緣淡色，胸及體側紅褐色。

• 飛行時翼上覆羽白色明顯，翼鏡綠色。

▲雌鳥頭及頸灰色，密布黑色細斑，游荻平攝。

| 生態 |

繁殖於北美洲北部及中部，越多於北美洲南
部、中美洲及夏威夷群島，偶有至日本、韓
國越冬紀錄。出現於河口、湖泊、草澤等水
域，常混群於赤頸鴨群中，曾出現與赤頸鴨
雜交之個體，於淺水處或岸邊攝取植物之嫩
芽或種籽為食。

▲疑似葡萄胸鴨與赤頸鴨雜交個體。

呂宋鴨 / 棕頸鴨 *Anas luzonica*

屬名:鴨屬　　英名:Philippine Duck　　生息狀況:迷

L48~58cm.WS84cm

雁鴨科

▲頭、頸橙褐色,頭上至後頸及過眼線黑色。

| 特徵 |

- 雌雄同色。虹膜暗褐色。嘴鉛黑色,先端黑色。腳黑褐色。
- 頭、頸橙褐色,頭上至後頸及過眼線黑色,身體大致灰褐色,尾下覆羽黑褐色。
- 飛行時飛羽暗褐色;翼鏡藍綠色,外緣黑色,上、下緣白色;翼下近白。

| 生態 |

為菲律賓特有種,大部分為當地留鳥,僅做短距離遷移,臺灣僅墾丁龍鑾潭、嘉義朴子溪、臺北關渡等幾筆零星紀錄。棲息於沼澤、河流、湖泊、池塘及河口地帶,成小群活動,以水生植物嫩葉、草籽、水生昆蟲及小魚等為食。由於過度狩獵與棲地破壞,近年數量驟減,名列全球「易危」鳥種。

▲ 2011 年 11 月攝於恆春龍鑾潭北岸。

花嘴鴨 / 斑嘴鴨 *Anas zonorhyncha*

屬名：鴨屬　　英名：Eastern Spot-billed Duck　　生息狀況：留 / 普，冬 / 不普

雁鴨科

▲左雄鳥，右雌鳥。

| 特徵 |

• 雌雄同色。虹膜褐色。嘴黑色，先端黃色，繁殖期黃色嘴尖有黑斑。腳橙紅色。
• 臉至上頸淡褐色，眉線白色，過眼線黑色，嘴基至眼下方有黑色線斑。頭上、背部、下頸、胸 以下暗褐色，羽緣淡色，三級飛羽外緣白色，雄鳥尾上、下覆羽全黑，三級飛羽外緣白色較大。
• 飛行時翼鏡深藍色，有黑、白色條邊，初級飛羽暗褐色，翼下覆羽白色。

| 生態 |

繁殖於西伯利亞東南、庫頁島、日本北部、朝鮮半島、中國東北部與東部等地區，越多至中國華南、臺灣及東南亞。出現於河口、池塘、魚塭、湖泊及沼澤地帶。成小群活動，擅游泳、潛水，白天於池畔或河岸上休息，晨昏飛往附近稻田、泥塘中覓食。雜食性，以植物莖、葉、種籽及水藻為主食，亦食螺類與昆蟲。對環境適應力佳，近年臺灣繁殖族群快速擴張，為少數於臺灣及金門地區繁殖之鴨種，築巢於水域岸邊草叢與岩石間，許多地區終年可見。度多族群每年 9 月底至 10 月初來臺，至翌年 3 月中旬北返。

▲飛行時翼鏡深藍色。

▲嘴黑色，先端黃色，繁殖期黃色嘴尖有黑斑。　　▲雄鳥尾上、下覆羽全黑，三級飛羽外緣白色較大。

▲飛行時翼下覆羽白色。

▲繁殖期黃色嘴尖有黑斑。

綠頭鴨 *Anas platyrhynchos*

屬名：鴨屬　　英名：Mallard　　別名：野鴨　　生息狀況：冬／稀，引進種／不普

| 相似種 |

琵嘴鴨、赤膀鴨、尖尾鴨

・琵嘴鴨嘴呈匙狀，脇、腹栗褐色。
・赤膀鴨雌鳥額較高、上嘴峰黑色，翼鏡白色。
・尖尾鴨雌鳥嘴黑色，頸較長，過眼線不明顯，尾羽較尖。

▲雄鳥頭至頸部呈深綠色有光澤。

| 特徵 |

・虹膜褐色。腳橙紅色。
・雄鳥嘴黃綠色，先端有黑斑。頭至頸深綠色有光澤，頸基部有白色頸環。背、胸暗栗褐色，翼、脇、腹灰色，有波形細紋，翼鏡藍紫色，前後緣有黑、白條邊。腰、尾上及尾下覆羽黑色，尾羽白色，中央尾羽黑色向上捲。亞成鳥頭色偏黑。
・雌鳥嘴橙黃色，上嘴有黑斑。全身褐色斑駁，眉紋淺褐色，過眼線黑褐色，背面羽色較深，具棕黃色「V」形羽緣，翼鏡藍紫色，尾羽淡褐色。
・飛行時翼鏡藍紫色，上、下緣白色。

▲翼鏡藍紫色，上下緣白色。

| 生態 |

分布於歐亞大陸、北美及北非，東亞族群越冬於日本、朝鮮半島、中國等地。出現於河口、草澤、湖泊等水生植物叢生之水域，常混於其他鴨群中。雜食性，主食植物根、莖、種籽，兼吃昆蟲、軟體動物與蠕蟲等。近年來人工繁殖數量甚多，大部分家鴨即為綠頭鴨馴養而來。

▲雌鳥嘴橙黃色，上嘴有黑斑，全身褐色斑駁。

▲雄鳥，中央尾羽黑色向上捲。

▲出現於河口、草澤、湖泊等水生植物叢生之水域。

鴨科雌鳥比較圖

▲小水鴨雌鳥。

▲巴鴨雌鳥。

▲白眉鴨雌鳥。

▲綠頭鴨雌鳥。

▲赤膀鴨雌鳥。

▲羅文鴨雌鳥。

尖尾鴨 *Anas acuta*

屬名：鴨屬　　英名：Northern Pintail　　別名：針尾鴨、尖尾仔（臺）　　生息狀況：冬／普

相│似│種
- 雌鳥與其他鴨種雌鳥之區別，在於體形修長，尾尖。

▲出現於河口、沙洲、沼澤及湖泊。

| 特徵 |
- 虹膜暗褐色。腳灰黑色。
- 雄鳥嘴峰黑色，周邊灰藍色。繁殖羽頭暗褐色，後頸、背部、脇灰色，具黑色細波紋。前頸至腹白色，頸側白色向上延伸至後頸。肩羽黑色甚長，羽緣白色；尾羽黑色，中央2根長而尖。尾下覆羽黑色，臀側乳黃色。非繁殖羽似雌鳥，但嘴峰周邊灰藍色。
- 雌鳥嘴黑色，頭淡褐色，背面黑褐色，有白色羽緣。腹面汙白色，有黑褐色細斑，尾較雄鳥短。
- 飛行時，雄鳥翼鏡銅綠色，上緣黃褐色，下緣白色；雌鳥翼鏡褐色。

▲雄鳥翼鏡銅綠色，上緣黃褐色，下緣白色。

| 生態 |
繁殖於北美洲及歐亞大陸北部，越冬於中美洲、非洲、中國華南、印度、中南半島、東南亞等地。每年9月中旬抵臺，翌年4月北返，出現於河口、沙洲、沼澤及湖泊，常混群於其他鴨種中。雜食性，主食水生植物種籽，常以倒栽蔥方式將頭潛入水中覓食藻類或水草，亦食甲殼類、昆蟲與軟體動物。

▲雄鳥非繁殖羽，嘴峰周邊灰藍色。

雁鴨科

▲雌鳥嘴全黑。

▲雄鳥繁殖羽。

▲常以倒栽蔥方式潛入水中覓食藻類或水草。

▲雄鳥一齡冬羽。

▲雄鳥繁殖羽。

小水鴨 *Anas crecca*

L34~38cm.WS53~59cm

屬名：鴨屬　英名：Green-winged Teal ／ Common Teal

別名：綠翅鴨、小麻鴨、金翅仔、水藻仔（臺）　生息狀況：冬／普

相｜似｜種

白眉鴨、巴鴨

• 白眉鴨雌鳥眼上下有白色線斑。
• 巴鴨雌鳥嘴基內側有明顯白色圓斑。

▲指名亞種雄鳥繁殖羽，上體側有白色橫斑。

| 特徵 |

• 虹膜褐色。嘴黑色。腳褐色。
• 指名亞種 *crecca* 雄鳥繁殖羽頭至頸栗褐色，暗綠色過眼帶具金屬光澤，延伸至後頸側，外緣有淡色細紋，上嘴基有白色細紋延伸至過眼帶。背、脇灰色，有暗色細波紋，上體側有白色橫斑。胸灰褐色，有暗色細斑；腹白色，尾下覆羽黑色，臀側有黃色三角形塊斑。非繁殖羽似雌鳥，但翼鏡上緣白色較雌鳥寬。

▲雄鳥繁殖羽，暗綠色過眼帶延伸至後頸側。

• 美洲亞種 *carolinensis* 上體側無白線斑，胸側有白色縱斑。
• 雌鳥嘴基常帶黃色，過眼線黑色，背面暗褐色斑駁，具淡色羽緣，腹面色淡，尾側具白斑。
• 飛行時翼鏡綠色，上、下緣白色，上緣較寬。雄鳥翼鏡上緣白色部分較雌鳥寬。

| 生態 |

繁殖於北美洲北部、歐亞大陸中北部，越冬於中美洲、歐洲南部、北非、南亞、東南亞等地。出現於河口、沙洲、湖泊、魚塭、沼澤等水域地帶，為來臺度冬數量最多的雁鴨科鳥類，每年9月陸續抵達臺灣，至翌春3月底開始北返，4月底大多離開。喜群聚，成小或大群，或與其他鴨科混群。雜食性，以植物種籽、螺類、浮游生物等為食，常張嘴於水中或泥灘濾取小生物或藻類，覓食時常發出叫聲。受干擾時瞬間由水面彈起飛離，飛行振翅速度較其他鴨種快。

雁鴨科

▲小水鴨為來臺度冬數量最多的雁鴨科鳥類，雌鳥。

▲雌鳥嘴基常帶黃色。

▲美洲亞種雄鳥胸側有白色縱斑。

▲雄鳥非繁殖羽。

▲美洲亞種雄鳥。

▲雄鳥繁殖羽，翼鏡上、下緣白色。

▲雌鳥翼鏡上緣白色部分較雄鳥窄。

▶雄鳥非繁殖羽。

赤嘴潛鴨 *Netta rufina*

屬名：狹嘴潛鴨屬　　英名：Red-crested Pochard　　生息狀況：迷

雁鴨科

▲雄鳥繁殖羽（左）頭橙紅色，雌鳥（右）體褐色，臉下、喉及頸側灰白色，周成志攝。

| 特徵 |

• 雄鳥虹膜及嘴紅色。腳粉紅色。繁殖羽頭橙紅色，背褐色。頸、胸以下黑色，脇白色。尾灰色，
　尾上下覆羽黑色。非繁殖羽似雌鳥，但嘴為紅色。

• 雌鳥虹膜褐色。嘴黑色，先端粉紅至黃色。腳灰色。體褐色，眼周、額、頭頂至後頸深褐色，
　臉下、喉及頸側灰白色，腹面大致灰褐色。

| 生態 |

繁殖於東歐及西亞，越冬於地中海、中東、中國華中及華南、印度及緬甸，臺灣僅 1995 年冬宜
蘭下埔一筆紀錄。棲息於具植叢或蘆葦的湖泊或緩水河流，以植物之根、種籽及嫩葉為食。

◀棲息於具植叢或
蘆葦的湖泊或緩水
河流，周成志攝。

帆背潛鴨 *Aythya valisineria*

L48~56cm.WS74~90cm

屬名：潛鴨屬　　英名：Canvasback　　別名：美洲磯雁　　生息狀況：迷

相似種

紅頭潛鴨
- 體型較小。
- 嘴、頸較短，嘴中段亮灰色。
- 額至嘴線條弧度較大。
- 雄鳥背部、體側羽色較深。

▲雄鳥繁殖羽，虹膜紅色，頭至頸栗紅色，游狄平攝。

| 特徵 |

- 頭高聳，嘴、頸長。嘴黑色。腳藍灰色。
- 雄鳥繁殖羽虹膜紅色，頭至頸栗紅色，近前額及頭頂處較黑。胸黑色，背、腹、脇灰白色，有暗色細紋；尾上、下覆羽黑色。非繁殖羽似雌鳥，但虹膜紅色。
- 雌鳥虹膜暗褐色，頭、頸至胸褐色，眼後、嘴基內側色淡。背、脇、腹灰色，有褐色斑紋，尾上、下覆羽暗褐色。
- 飛行時翼上灰色翼帶明顯。

| 生態 |

繁殖於北美洲西北部，越多於北美洲南部至墨西哥，日本有少量度多族群。出現於湖泊、沿海潟湖等開闊水域。喜群聚，性羞怯，擅潛水，以水草、魚蝦、螺類及軟體動物等為食。

▲雌鳥頭、頸至胸褐色，呂宏昌攝。

雁鴨科

紅頭潛鴨 *Aythya ferina*

L42~49cm. WS72~82cm

屬名:潛鴨屬　　英名:Common Pochard　　別名:磯雁　　生息狀況:冬 / 稀

相|似|種

帆背潛鴨
- 體型較大。
- 嘴、頸較長,嘴全黑。
- 額至嘴線條較直。
- 雄鳥背部、體側羽色較白。

▲雄鳥虹膜紅色,頭至頸栗紅色,胸黑色。

| 特徵 |

- 嘴黑色,中段亮灰色。腳灰黑色。
- 雄鳥繁殖羽虹膜紅色,頭至頸栗紅色,胸黑色。背、腹、脇灰色,有暗色細紋;腰、尾上及尾下覆羽黑色。非繁殖羽似雌鳥,但虹膜紅色。
- 雌鳥虹膜暗褐色,頭、頸至胸褐色,眼後有淡色弧紋,嘴基內側有淡斑。背、脇、腹灰色,有暗褐色細紋,尾上及尾下覆羽暗褐色。
- 飛行時,初、次級飛羽灰色,外緣黑褐色。

| 生態 |

繁殖於西歐至中亞,越冬至歐洲南部、北非、日本、中國華東及華南、印度等地。11月至翌年3月出現於河口、草澤、魚塭、湖泊等水域,常與鳳頭潛鴨、斑背潛鴨混群。性羞怯,擅潛水,以水草、魚蝦、螺類、軟體動物等為食。

▲雌鳥虹膜暗褐色,頭、頸至胸褐色。

▲雌鳥眼後有淡色弧紋,嘴基內側有淡斑。

雁鴨科

◀雄鳥背、腹、脇灰色，
有暗色細紋。

▲幼鳥與雌鳥相似，但下體斑駁，頭部較暗無眼紋。

▲初、次級飛羽灰色，外緣黑褐色。

▲出現於河口、魚塭、湖泊等水域。

▲雌鳥。

環頸潛鴨 *Aythya collaris*

L♂40~46cm ♀39~43cm

屬名：潛鴨屬　　英名：Ring-necked Duck　　生息狀況：迷

| 相 | 似 | 種 |

鳳頭潛鴨
•頭型較圓，後頭有飾羽，
嘴前端無明顯白線。

▲雄鳥頭黑色，嘴基周圍有白色環紋，林泉池攝。

| 特徵 |

• 頭高聳呈三角形。虹膜雄鳥黃色，雌鳥紅褐色。嘴鉛灰色，嘴先黑色，前端有粗白線。腳灰色。
• 雄鳥頭黑色具紫綠色光澤，嘴基周圍有白色環紋。頸、胸黑色，頸基部有褐色頸環，通常不明顯。
　背黑色，腹、脇白色，有灰色細波紋，胸側白色呈三角形向上延伸，尾上、下覆羽黑色。
• 雌鳥嘴前端白線較模糊，嘴基周圍黃褐色，有白眼圈及白色眼後線。頭至胸深褐色，背黑褐色，
　脇灰褐色，腹白色。
• 幼鳥體色較暗淡，虹膜深褐色，嘴前端白線不明顯。
• 飛行時次級及初級飛羽均有白色翼帶。

| 生態 |

繁殖於美洲北方，冬季遷徙至美國
南方及墨西哥淡水水域。出現於沼
澤、湖泊、河流及海灣等水域，會
與其他潛水鴨混群，白天於水面漂
浮。雜食性，擅潛水覓食，以水生
植物、魚、蝦及螺貝類等為食。
2019 年 11 月宜蘭釣鱉池有一筆雌
幼鳥紀錄。

▲幼鳥虹膜深褐色，嘴前端白線不明顯。

▲雌鳥，林泉池攝。

▲幼鳥，2019 年 11 月攝於宜蘭釣鱉池。

▲以水生植物、魚、蝦及螺貝類等為食。

▲與鳳頭潛鴨混群，2019 年 11 月攝於宜蘭釣鱉池。

白眼潛鴨 *Aythya nyroca*

L38~42cm.WS60~67cm

屬名：潛鴨屬　　英名：Ferruginous Duck　　生息狀況：冬／稀

▲左雌鳥虹膜褐色，右雄鳥虹膜白色。

| 特徵 |

• 嘴藍灰色。腳黑色。
• 雄鳥虹膜白色，頭、頸、胸及脇赤褐色，
　頭基部有不明顯黑環。背、尾羽黑褐色，
　腹及尾下覆羽白色。
• 雌鳥似雄鳥，但虹膜褐色，羽色較暗。
• 飛行時腹部及飛羽白色明顯，翼後緣黑色。

| 生態 |

繁殖於東歐至西伯利亞西南部、中國新疆、
內蒙古等地，越冬於地中海沿岸、中東、非
洲、中國長江中游、雲南西北部、印度及東
南亞等地。生活於水生植物和蘆葦茂盛的湖
泊、池塘和溼地，擅游泳，以水生植物葉芽、
種籽為食，兼食甲殼類、軟體動物、水生昆
蟲、小魚等，潛水覓食，但在水中停留時間
不長，性羞怯機警，遇干擾即躲進植叢中。

▲左雄右雌，頰部有白斑。

相似種

鳳頭潛鴨、青頭潛鴨

• 鳳頭潛鴨虹膜黃色，雌鳥尾下覆羽黑褐色（亦
　有白色個體），額頭較平。
• 青頭潛鴨雄鳥黑頭、頸黑綠色，脇白色；雌鳥頭
　部無赤色味。游泳時腹側白色露出水面。

雁鴨科

▲飛行時腹及飛羽白色明顯。

▶雄鳥,頭高聳。

◀雄鳥虹膜白色,頭、
頸、胸及脅赤褐色。

青頭潛鴨 *Aythya baeri*

屬名:潛鴨屬　　英名:Baer's Pochard　　生息狀況:冬 / 稀

雁鴨科

相似種

鳳頭潛鴨、白眼潛鴨
- 鳳頭潛鴨虹膜黃色,後頭有飾羽。
- 白眼潛鴨體型較小,頭部赤色味較濃。
- 游泳時腹側白色不露出水面。

▲雄鳥近繁殖羽,頭、頸黑色具綠色光澤。

| 特徵 |
- 嘴藍灰色。腳灰色。
- 雄鳥虹膜白色,頭、頸黑色具綠色金屬光澤,背面黑褐色,胸及下腹深褐色,脇、上腹及尾下覆羽白色。
- 雌鳥虹膜褐色,全身大致黑褐色,尾下覆羽白色。
- 飛行時翼上白色翼帶明顯,翼下白色。

| 生態 |
繁殖於西伯利亞及中國東北,越冬於日本、朝鮮半島、中國華南及東南亞等地,棲息於多水生植物和蘆葦的溼地、湖泊。冬季偶見於河口、湖泊地帶,常與鳳頭潛鴨混群,擅潛水、性膽怯,以水草、草籽及軟體動物為食,由於過度狩獵和環境惡化,種群數量稀少,名列全球「瀕危」鳥種。

▲游水時腹側白色露出水面,可與白眼潛鴨區別。

▲雌鳥虹膜褐色,全身大致黑褐色,脇、上腹及尾下覆羽白色,林文崇攝。

▶翼上白色翼帶
明顯。

◀雄鳥非繁
殖羽。

▲青頭潛鴨種群數量稀少。

▶翼上白色翼帶明
顯，翼下白色。

▲雄鳥轉繁殖羽中。

▲雄鳥虹膜白色，非繁殖羽。

鳳頭潛鴨 *Aythya fuligula*

L40~47cm.WS65~72cm

屬名：潛鴨屬　　英名：Tufted Duck　　別名：澤鳧　　生息狀況：冬／普

相似種

斑背潛鴨、青頭潛鴨

- 斑背潛鴨後頭無飾羽，雄鳥頭具綠色光澤，背部羽色較淡；雌鳥嘴基內側白斑較本種具白斑者人且醒目。
- 青頭潛鴨雌鳥虹膜褐色，後頭無飾羽，全身褐色較濃。

▲雄鳥繁殖羽頭至頸黑色具紫色光澤。

| 特徵 |

- 虹膜黃色。嘴鉛色，先端黑色。腳灰黑色。
- 雄鳥繁殖羽頭至頸黑色具紫色金屬光澤，後頭有飾羽。背、上胸、尾上及尾下覆羽黑色；下胸、腹、脇白色。非繁殖羽似雌鳥，但羽色較深，腹以下淡灰褐色。
- 雌鳥羽色變化大，頭至頸、背、胸暗褐色，後頭飾羽較短。腹白色，脇灰褐色，有褐色橫紋，尾下腹羽黑褐色。
- 飛行時白色翼帶明顯，翼下較斑背潛鴨白。
- 部分個體嘴基部內側具白斑，亦有尾下覆羽白色之個體。

▲雌鳥頭、頸、背、胸暗褐色，後頭飾羽較短。

| 生態 |

繁殖於歐亞大陸北部與中部，越冬至歐州、北非、日本、中國華中、華南、印度及東南亞等地。10月至翌年4月出現於湖泊、草澤、魚塭等水域，喜群棲，常成大群與紅頭潛鴨、斑背潛鴨混群。飛行迅速，擅潛水覓食，白天常於水面上漂浮，夜間棲息於岸邊的軟泥灘。以蝦蟹、小魚、蝌蚪、螺貝等軟體動物為食。

▲雄鳥後頭有飾羽。

▲雌鳥。

▲雌鳥，嘴基內側具白斑之個體。

▲雄鳥非繁殖羽。

▲雌鳥羽色變化大。

▲飛行時白色翼帶醒目。

▶ 常成大群於
水面上漂浮。

◀翼下較斑背潛鴨白。

斑背潛鴨 *Aythya marila*

L42~51cm.WS71~80cm

屬名：潛鴨屬　　英名：Greater Scaup　　別名：鈴鴨　　生息狀況：冬／稀

相似種

鳳頭潛鴨
- 後頭有飾羽。
- 雄鳥背黑色。
- 雌鳥頭、背羽色較暗，大多嘴基部內側無白斑。

▲雄鳥繁殖羽，頭黑色具綠色光澤。

| 特徵 |
- 虹膜黃色。嘴鉛色，先端黑色。腳黑色。
- 雄鳥繁殖羽頭黑色具綠色光澤，背灰色，有黑褐色細波紋。頸、胸黑色，腹、脇白色，尾上、下覆羽黑色。非繁殖羽頭、頸、胸黑褐色，嘴基內側有不明顯淡斑。背部、脇淡褐色，有淡色斑。
- 雌鳥頭至胸深褐色，背黑褐色，脇灰褐色，有黑褐色細波紋，腹白色。嘴基內側具醒目白色環斑，耳後有彎月形淡斑。
- 飛行時次級及初級飛羽均有明顯白色翼帶，翼下較鳳頭潛鴨略灰。

▲雌鳥繁殖羽，頭至胸深褐色。

| 生態 |
繁殖於歐亞大陸北部及北美洲西北部，東亞族群越冬於日本、朝鮮半島、中國東南沿海、印度等地。11月至翌年3月出現於湖泊、草澤、魚塭等水域，常成小群與鳳頭潛鴨混群，白天於水面上漂浮。擅潛水覓食，攝取蝦蟹、小魚、蝌蚪、螺貝等軟體動物為食。

▲雄幼鳥，頭、頸、胸黑褐色，嘴基內側有淡色雜斑。

▲飛行時白色翼帶醒目。

▶雌鳥非繁殖羽，耳後有彎月形淡斑。

▲雄鳥繁殖羽，背灰色具黑褐色細波紋。

▶雌鳥繁殖羽。

▲白色翼帶醒目。

▶雌鳥嘴基內側具醒目白色環斑。

小斑背潛鴨 *Aythya affinis*

L38~48cm.WS68~77cm

屬名：潛鴨屬　　英名：Lesser Scaup　　別名：小鈴鴨　　生息狀況：迷

雁鴨科

【相似種】

斑背潛鴨
- 頭較圓，嘴先黑斑較大，雄鳥脇無黑色
  細波紋，雌鳥嘴基內側白斑較大，飛行
  時次級及初級飛羽均有白色翼帶。

▲雄鳥，游荻平攝。

| 特徵 |
- 雄鳥虹膜黃色，雌鳥虹膜褐色至黃褐色。嘴
  鉛色，先端黑色。腳黑色。
- 整體似斑背潛鴨，但體型較小，頭較高聳，
  嘴先黑斑較小，只有嘴甲部分黑色；雄鳥脇
  有黑色細波紋，雌鳥嘴基內側白色環斑較
  小。
- 飛行時僅次級飛羽有白色翼帶。

| 生態 |
繁殖於北美洲，冬季南遷至中美洲、日本及
俄羅斯東北。出現於湖泊、草澤、池塘、河
流等水域，擅潛水覓食，攝取水生植物、水
生昆蟲、甲殼類、螺貝等軟體動物為食。

▲雌鳥，2018年1月攝於宜蘭釣鱉池。

▲僅次級飛羽有白色翼帶。

◀攝取甲殼類、螺貝等軟體動物為食。

長尾鴨 *Clangula hyemalis*

屬名：長尾鴨屬　　英名：Long-tailed Duck　　別名：冰鳧　　生息狀況：迷

▲雄鳥非繁殖羽，游荻平攝。

| 特徵 |

- 虹膜暗橙色。嘴小，雄鳥灰黑色、中段粉紅，雌鳥暗灰色。腳灰色。

- 雄鳥繁殖羽頭上、頸至胸黑褐色，臉灰白色，背、翼、尾羽暗褐色，後頭、腹以下白色。非繁殖羽頭上至後頭、頸白色，臉灰色，胸黑色，頸側有大黑斑，背、體側灰色，尾下覆羽白色；肩、翼、尾羽黑褐色。中央尾羽長甚長。

- 雌鳥非繁殖羽臉白色，頭上、背及上胸暗褐色，頸側有大黑斑，腹、體側至尾下覆羽白色。

- 於水面低飛，飛行時，翼下黑褐色與腹白色成明顯對比。

▲雌鳥，蔣忠佑攝。

| 生態 |

繁殖於歐亞大陸及北美洲之北極海岸，冬季南遷至南部海域，生活於海洋、湖泊、河流與沿海地帶。以甲殼類、軟體動物、魚類、昆蟲及其幼蟲爲食。2013年12月宜蘭有一筆紀錄，出現於養蝦池捕食蝦子。

▲翼下黑褐色與腹白色對比明顯。

雁鴨科

95

▲於蝦池攝取蝦子為食，
2014 年 1 月攝於宜蘭。

▶一齡冬羽。

◀右雌鳥，左一齡冬
羽，蔣忠佑攝。

鵲鴨 *Bucephala clangula*

屬名：鵲鴨屬　　英名：Common Goldeneye　　生息狀況：迷

▲雄鳥繁殖羽頭墨綠色具光澤，嘴基有白色大圓斑，游荻平攝。

| 特徵 |

- 頭大而高聳。虹膜金黃色。嘴粗短，雄鳥嘴全黑，雌鳥嘴先黃色。腳橙黃色。
- 雄鳥繁殖羽頭墨綠色具光澤，嘴基有白色大圓斑。背黑色，肩羽白色有黑色羽緣。次級飛羽、胸至腹、脇白色。尾及上、下覆羽黑色。非繁殖羽似雌鳥，但近嘴基有淺色圓斑。
- 雌鳥頭褐色，通常具汙白色前頸環，背及體側黑褐色，白色次級飛羽有 2 條黑帶。
- 飛行時翼上白斑大而明顯，腹面白色。

▲雌鳥頭褐色，嘴先黃色。

| 生態 |

繁殖於歐亞大陸北部、北美洲北部，越冬至歐亞大陸南部、印度北部、朝鮮半島、日本、中國華南及東南沿海、北美洲南部等地。出現於湖泊、河口、草澤及沿海水域，性機警，喜群棲，擅潛水覓食，主要以魚蝦、蛤類等軟體動物為食。

▲飛行時翼上白斑明顯。

白秋沙 / 小秋沙 *Mergellus albellus*

L38~44cm.WS56~69cm

屬名:小秋沙屬　　英名:Smew　　別名:斑頭秋沙鴨　　生息狀況:冬 / 稀

雁鴨科

相似種

川秋沙
• 雌鳥頭紅褐色,嘴紅色細長。

▲雄鳥非繁殖羽。

| 特徵 |
• 虹膜暗褐色。嘴灰黑色粗短,先端呈鉤狀。
　腳灰色。
• 雄鳥繁殖羽頭、頸白色,眼周至嘴基具大黑
　斑,後頭有冠羽,冠羽下方黑色。背中央黑
　色,兩側白色,尾灰褐色。胸以下白色,胸
　側有 2 條黑色細線,脇有灰色細波紋。非繁
　殖羽似雌鳥,但眼先之黑色部分範圍較窄。
• 雌鳥額至後頸紅褐色,眼周至嘴基黑褐色,
　頰、喉、前頸白色。背部黑褐色,有白色翼
　斑。下頸至胸、脇灰褐色,腹以下灰色。
• 飛行時肩羽、大覆羽、初級飛羽及翼鏡黑色,
　中覆羽及翼鏡上下緣白色。

▲雄鳥繁殖羽,鄭期弘攝。

| 生態 |
繁殖於歐亞大陸北部,越冬於日本、朝鮮半島、
中國等地。出現於湖泊、河流等水域,擅潛水,
以小魚為主食,兼食甲殼類、貝類、水生昆蟲
以及水草等,嘴前端呈鉤狀,上喙有鋸齒突,
利於捕捉魚類。

▲雌鳥額至後頸紅褐色。

▲飛行時中覆羽及翼鏡上、下緣白色。

▲雄鳥非繁殖羽。

▲ 2013 年 3 月攝於嘉義布袋。

▲雄鳥背中央黑色，兩側白色。

川秋沙 *Mergus merganser*

L58~68cm.WS78~94cm

屬名：秋沙屬　　英名：Common Merganser　　別名：普通秋沙鴨　　生息狀況：迷

相似種

唐秋沙、紅胸秋沙

- 唐秋沙嘴基較薄，冠羽較長，脇有鼠灰色鱗斑。
- 紅胸秋沙虹膜紅色，嘴基較薄；雄鳥下頸至上胸褐色，有黑色斑紋；雌鳥頸與胸羽色分際不明顯。

▲雄鳥繁殖羽，頭至上頸暗綠色具光澤。

| 特徵 |

- 虹膜暗褐色。嘴紅色細長，先端黑色呈鉤狀。腳紅色。
- 雄鳥繁殖羽頭至上頸暗綠色具光澤，冠羽不明顯。背部黑色，兩側白色。下頸、胸、腹白色，亦有略帶粉黃之個體，尾下覆羽灰色。非繁殖羽似雌鳥，但冠羽不明顯，翼之白色部分較廣。
- 雌鳥頭至上頸紅褐色，具冠羽。喉及下頸白色，背、脇、尾羽鼠灰色。腹白色，尾下覆羽灰色。
- 飛行時，雄鳥翼覆羽及翼鏡白色，初級飛羽黑色。雌鳥小、中覆羽、背至尾羽鼠灰色，大覆羽、翼鏡白色，初級飛羽黑色。

| 生態 |

繁殖於歐亞大陸北部及北美洲北部，越冬於繁殖地南部、日本、中國華中與華南、印度北部等地。出現於湖泊、水庫、池塘、河口等地帶，單獨或成小群活動，在遷徙期間和度冬區，常集結數十甚至上百之大群，起飛時雙翅需急速拍打水面並助跑才能升空。擅於潛水捕魚，以魚、蝦、水生昆蟲等為食，亦食少量水生植物。

▲雌鳥頭至上頸紅褐色。

◀ 2008 年 1 月
攝於宜蘭塭底。

▲雄鳥翼覆羽白色醒目。

▶出現於湖泊、水庫、
河口等地帶。

▲雌鳥背、脇及尾羽鼠灰色。

▲擅潛水捕魚。

▲雄鳥翼覆羽及翼鏡白色，初級飛羽黑色。

▲雄鳥背部黑色，兩側白色。

▲雌鳥，2012 年 1 月攝於新北市金山。

紅胸秋沙 *Mergus serrator*

L52~58cm.WS67~82cm

屬名：秋沙屬　　英名：Red-breasted Merganser　　別名：海秋沙　　生息狀況：冬 / 稀

雁
鴨
科

| 相 似 種 |

川秋沙、唐秋沙
- 川秋沙嘴基較粗厚，雄鳥胸白色，雌鳥頭部紅褐色與頸部白色分際明顯。
- 唐秋沙嘴較平直，鼻孔靠近嘴中央，脇有鼠灰色鱗斑，雄鳥胸白色。

▲雄鳥繁殖羽頭暗綠色。

| 特徵 |

- 虹膜紅色。嘴紅色細長，微上翹，先端呈鉤狀，鼻孔位於嘴基 1/3 處。腳橙紅色。
- 雄鳥繁殖羽頭部暗綠色具光澤，冠羽長而尖。背黑色，次級及三級飛羽白色。頸中段白色，下頸至上胸褐色，有黑色縱斑，胸側黑色有白斑。下胸以下白色，腰及脇有灰黑色細波紋。非繁殖羽似雌鳥，但背部羽色較暗。
- 雌鳥頭至上頸褐色，有短冠羽，下頸至胸灰褐色，背部、脇暗灰褐色，腹以下白色。
- 飛行時，雄鳥初級飛羽黑色，覆羽及翼鏡白色，有二條黑線隔開。雌鳥初級飛羽黑褐色，僅大覆羽及翼鏡白色，有一條黑線隔開。

| 生態 |

繁殖於歐亞大陸北部及北美洲北部，越冬於北美洲東岸及西岸、歐洲南部、北非、印度、日本、朝鮮半島及中國華中、華南、東南亞等地。出現於近海水域、河口、湖泊、魚塭等地帶，性機敏，擅潛水，游泳時常探頭入水尋找食物，飛行時會發出輕微嘯聲。以魚類、水生昆蟲、甲殼類為主食，兼食少量水生植物。臺灣僅幾筆零星紀錄，其中臺南曾文溪口北岸於 2006 年 1 月及 2009 年 12 月各出現 10 隻紀錄，另 2018.11.24 新北市澳底有 6 隻幼鳥度冬，停留至 2019.02.27 全部離開。

▲右雄成鳥，左雄未成鳥，頭局部轉黑。

◀來臺度冬者多為幼鳥。

◀ 2018 年 11 月於新北市澳底度冬之幼鳥。

▲雄鳥翼覆羽之大部分及翼鏡白色，游荻平攝。

▲雌鳥頭至上頸褐色。

—— 秋沙鴨頭、嘴比較圖 ——

▲川秋沙

▲唐秋沙

▲紅胸秋沙

▲雄鳥一齡冬羽，三級飛羽白底細黑邊。

▲雌鳥一齡冬羽，三級飛羽為暗褐色漸層。

▶換羽中的雄鳥一齡冬羽，三級飛羽白底細黑邊，腹側有細波紋。

▲以魚、蟹為主食。

▲雄鳥一齡冬羽，頭、喉局部轉黑。

▲雄一齡鳥，頭、喉局部轉黑，三級飛羽白底細黑邊。

▲擅潛水捕食魚蟹。

唐秋沙 *Mergus squamatus*

屬名：秋沙屬　　英名：Scaly-sided Merganser　　別名：中華秋沙鴨　　生息狀況：冬／稀

相似種

紅胸秋沙、川秋沙

- 紅胸秋沙嘴微上翹，鼻孔位於嘴基 1/3 處；雄鳥下頸至上胸褐色，有黑色縱斑；雌鳥體側無鱗斑。
- 川秋沙嘴基較粗厚，下頸、胸、腹白色，冠羽不明顯，體側無鱗斑。

▲左雌鳥，右雄鳥繁殖羽。

| 特徵 |

- 虹膜淡褐色。嘴紅色細長，先端呈鉤狀。腳橘紅色。
- 雄鳥頭至上頸暗綠色有光澤，具披散長冠羽，後頸、背部黑色，兩側白色。下頸、胸以下乳白色，脇、腰白色，有鼠灰色鱗斑。亞成鳥似雌鳥。
- 雌鳥頭至頸栗褐色，後頭有冠羽，背灰色，胸以下乳白色，胸側、脇有鼠灰色鱗斑。
- 飛行時初級飛羽黑色，雄鳥翼覆羽、翼鏡白色。雌鳥覆羽灰色，翼鏡白色。

▲雌鳥頭至頸栗褐色，有冠羽。

| 生態 |

繁殖於西伯利亞東南部、中國東北及朝鮮半島北部等地，越冬於中國華中、華南、南韓及日本，偶見於東南亞。零星出現於河流、湖泊及海岸附近水域，擅潛水，主食魚類，兼食水生昆蟲等。在繁殖地營巢於河岸天然樹洞中，由於棲地喪失、非法狩獵等因素，本種數量不斷下降，名列全球「瀕危」鳥種。

▲雄未成鳥，呂宏昌攝。

雁鴨科

▲零星出現於河流、湖泊等水域。

▲左雄鳥，右雌鳥。

▲雌鳥。

▲雌鳥胸側、脇有鼠灰色鱗斑。

紅鸛科
Phoenicopteridae

全球 6 種，臺灣 1 種。為大型水鳥，主要分布於美洲、非洲、馬達加斯加、歐洲南部、西南亞、中東及印度等熱帶及亞熱帶地區。紅鸛又名紅鶴、火鶴或火烈鳥，以長腿、彎頸及粉紅色羽毛而聞名。雌雄相似，頸極長而曲，腳細長，前 3 趾間有蹼，後趾短小。體型大小似鶴，嘴厚實而向下彎曲，喙緣有濾食用櫛板；體羽白而帶紅色，飛羽黑色，覆羽深紅色，尾短。主要棲息於鹽水湖泊、沼澤及礁湖淺水地帶。性羞怯，喜群棲，常集結萬隻以上大群。以水中藻類、小型甲殼類、軟體動物、昆蟲及浮游生物等為食。採一夫一妻制，於高鹽度湖泊及潟湖上築巢育雛。

大紅鸛 *Phoenicopterus roseus*

L120~145cm.WS140~165cm

| 屬名：火烈鳥屬 | 英名：Greater Flamingo | 別名：大紅鶴、大火鶴、大火烈鳥 | 生息狀況：迷 |

▲幼鳥，2014 年 2 月攝於嘉義布袋。

| 特徵 |

• 頸極長，常彎曲呈 S 形。虹膜黃色。嘴粉紅色，前端黑色，上嘴下鉤，下嘴較大成槽狀。腳長，粉紅色，前 3 趾間有蹼，後趾短小。

• 成鳥全身白色帶淡紅色，飛羽黑色，覆羽紅色。

• 幼鳥虹膜暗褐色，嘴、腳及體羽灰褐色，翼及尾帶粉紅色，亞成鳥羽色變異大。

• 飛行時頸、腳伸直，黑色飛羽與紅色覆羽對比明顯。

| 生態 |

為紅鸛科體型最大分布最廣的一種，分布於非洲、西亞到南亞及南歐。生活於鹹性潟湖、鹽田、河口灘塗、沿海或內陸湖泊，喜淺水域，於淺灘涉行覓食。食性複雜，常將頭頸部浸入水中，倒轉嘴喙濾食藻類、小蝦、浮游生物與水生植物種籽，有時會吸入泥土萃取有機物質。喜結群生活，於原生地常集結萬隻以上大群。紅色並非紅鸛原有羽色，而是來自其所攝取浮游生物所含的甲殼素。歷年屏東林邊、嘉義布袋、臺南七股、宜蘭利澤、高雄永安澤地等有多筆紀錄，可能為自然遷徙。

▲成鳥嘴粉紅色，前端黑色。

▲幼鳥，2015 年 2 月攝於宜蘭。

▲喜淺水域，於淺灘涉行覓食。

▲倒轉嘴啄濾食。

▲飛行時翼下覆羽紅色，幼鳥，2015 年 2 月攝於
宜蘭。

分布全球各地，臺灣僅小鷿鷈有繁殖，其餘為候鳥。雌雄同色，嘴尖直，頸細長，翼及尾短。前趾具寬闊瓣蹼，利於划水；腳位於腹部後端，不擅行走。棲息於湖泊、沼澤之植叢間，冬季常出現於海域。多於水中生活，除築巢、孵蛋外很少上岸。擅游泳、潛水，遇危險時常潛入水中。飛行時，需於水面踏水助跑才能飛起。潛水覓食，以魚蝦、軟體動物、水生昆蟲、水生植物、藻類等為食。繁殖季求偶、警戒、打鬥時會發出各種鳴聲，非繁殖季則多安靜。一夫一妻制，以水草築成浮巢，雌雄共同築巢、孵蛋，親鳥離巢時，會以絨羽或水草將蛋覆蓋，以保護及掩蔽。雛鳥為早成性，剛孵出期間親鳥常將雛鳥揹負於背上。

小鷿鷈 *Tachybaptus ruficollis*

屬名:小鷿鷈屬　　英名:Little Grebe　　別名:水避仔（臺）　　生息狀況:留、冬 / 普

相似種

黑頸鷿鷈
• 虹膜紅色。
• 非繁殖羽頰、喉灰白色，頸部淡褐色。

▲棲息於平地至山區之沼澤、湖泊、池塘及魚塭。

| 特徵 |
• 虹膜黃白色。嘴黑色，嘴先及嘴基乳黃色。腳灰黑色，前趾有瓣蹼。尾短。
• 體型圓胖。繁殖羽頰、前頸及頸側紅褐色，背面黑褐色。胸褐色，腹淡褐色。
• 非繁殖羽羽色較淡，偏灰褐色。
• 幼鳥頭至頸具黑、白、紅色相間之花斑。

| 生態 |
廣布於歐亞大陸南部及南洋群島。棲息於平地至山區之沼澤、湖泊、池塘及魚塭，單獨或成小群活動，擅游泳、潛水，需於水面助跑才能飛起，飛行呈直線。雜食性，以小魚、小蝦、蝌蚪與水草為食。繁殖期常於水面上相互追逐，並發出「匹、匹、匹」叫聲。築巢於水草上，孵蛋期不斷補強巢位，親鳥離巢或遇有威脅時，會以巢邊水草將蛋覆蓋掩蔽，然後潛藏入水，育雛階段常將雛鳥揹負於背上。

▲築巢於水草上，孵蛋期不斷補強巢位。

▲成鳥非繁殖羽偏灰褐色。

▲前趾具瓣蹼。

▲親鳥離巢時，會以巢邊水草將卵覆蓋掩蔽。

▲雛鳥頭至頸具黑、白、紅相間之花斑。

▲親鳥揹負幼雛。

▶親鳥餵食。

角鸊鷉 *Podiceps auritus*

屬名：鸊鷉屬　　英名：Horned Grebe / Slavonian Grebe　　生息狀況：迷

鸊鷉科

相｜似｜種

黑頸鸊鷉
- 下嘴略上翹。
- 繁殖羽頸黑色。
- 非繁殖羽頸灰褐色。
- 頰白色範圍較小。

▲非繁殖羽頰、喉、前頸及頸側白色。

▲繁殖羽頭黑色，過眼線橙黃色，游荻平攝。

| 特徵 |
- 虹膜紅色。嘴黑色，嘴端偏白。腳灰黑色。
- 繁殖羽頭黑色，過眼線橙黃色，延伸至頭後成為寬闊的簇狀飾羽。前頸、胸及脇栗紅色，背部黑褐色。
- 非繁殖羽無橙黃色飾羽，頰、喉、前頸及頸側白色，頭上至背面黑褐色，胸以下白色。

| 生態 |
繁殖於歐亞大陸及北美洲，越多於地中海、日本、朝鮮半島及中國華南等地。出現於河口、湖泊、沼澤等水域，潛水技巧高超，以魚蝦、軟體動物、水生昆蟲、水草及藻類等為食。

赤頸鸊鷉 *Podiceps grisegena*

L40~50cm.WS77~85cm

屬名:鸊鷉屬　英名:Red-necked Grebe　生息狀況:迷（馬祖）

| 相 | 似 | 種 |

冠鸊鷉

•體型較大，具明顯冠羽，嘴粉紅色，嘴、頸均較長；非繁殖羽頰白色延伸至眼上。

▲非繁殖羽頸至上胸汙白色，頰白色不超過眼上。

| 特徵 |

• 虹膜褐色；嘴黃色，先端及上嘴峰黑褐色；腳暗褐色。

• 繁殖羽頭上黑色，後頭具短冠羽。喉、頰灰白色，頸至上胸栗紅色。後頸至背灰黑色，下胸以下白色，脇雜有黑褐色羽毛。

• 非繁殖羽頸至上胸轉為汙白色，頰白色不超過眼上。

| 生態 |

分布於歐洲、亞洲東北部、北美洲等地，棲息於低山丘陵及平原之各種水域。繁殖於植物茂盛的湖泊、池塘，非繁殖期則多棲息於海岸、河口及港灣地區。多單獨活動，偶爾成對。擅潛水，以魚類、甲殼類和水生節肢動物為食，2008年8月馬祖北竿有一筆紀錄。

▲繁殖羽頭上黑色，喉、頰灰白色，頸至上胸栗紅色。

▲嘴黃色，先端及上嘴峰黑褐色。

冠鷿鷈 *Podiceps cristatus*

L46~51cm.WS59~73cm

屬名:鷿鷈屬　　英名:Great Crested Grebe　　別名:鳳頭鷿鷈　　生息狀況:冬／稀，冬／普（金門）

▲繁殖羽頭上黑色具冠羽，上頸有紅褐色及黑色鬃毛狀飾羽。

| 特徵 |

· 頸修長。虹膜紅色。腳近黑。

· 繁殖羽嘴黑褐色，頭上黑色具冠羽。眼周、頸白色，上頸有紅褐色及黑色鬃毛狀飾羽，後頸、背部黑褐色。前頸、胸以下白色，脇淡褐色，有褐色斑點。

· 非繁殖羽嘴粉紅色，冠羽及頸部飾羽消失，背面黑褐色，腹面白色。

· 飛行時肩羽、翼上緣及次級飛羽白色。

| 生態 |

分布於歐亞大陸、北非、中東、印度北部及澳洲。出現於河口、湖泊、沼澤及海岸等水域，在金門度冬數量頗多。擅潛水，遇驚擾立即潛入水中，至遠處始冒出水面。雜食性，潛水捕食水中魚蝦、軟體動物及水生植物等。

▲非繁殖羽嘴粉紅色。

▲為金門普遍冬候鳥。

114

▲擅潛泳捕魚。

▲常有伸頸展翅動作。

▲轉繁殖羽中。

▲出現於河口、湖泊、沼澤及海岸等水域。

▲非繁殖羽。

◀須助跑起飛。

黑頸鸊鷉 *Podiceps nigricollis*

L28~34cm.WS41~60cm

屬名:鸊鷉屬　　英名:Eared Grebe / Black-necked Grebe　　生息狀況:冬 / 稀

| 相 似 種 |

角鸊鷉
- 下嘴不上翹,嘴尖白色,額較平。
- 繁殖羽頸紅褐色。
- 非繁殖羽前頸白色,臉頰之黑、白分際呈水平。

▲繁殖羽頭至頸黑色,眼後有橙黃色飾羽。

| 特徵 |
- 虹膜紅色。嘴黑色,下嘴略上翹。腳灰黑色。
- 繁殖羽頭至頸黑色,眼後有橙黃色飾羽。背部黑褐色,胸以下白色,脇紅褐色,雜有黑褐色羽毛。
- 非繁殖羽嘴基淡黃色,眼後無橙黃色飾羽,頰、喉灰白色,頸灰褐色,背面黑褐色。胸以下白色,胸、脇雜有灰黑色羽毛。

| 生態 |
繁殖於北美洲、歐亞大陸、蒙古及中國東北,越冬於中美洲、非洲東北部、日本、中國華南等地。通常單獨出現於海岸附近之沼澤、湖泊、魚塭或葦塘等水域,擅潛水,以魚蝦、貝類、水生昆蟲及水生植物為食。

▲單獨出現於海岸附近之沼澤、湖泊、魚塭等水域。

▲擅潛水捕食魚蝦,非繁殖羽。

鸊鷉科

116

▲非繁殖羽，嘴基淡黃色，下嘴略上翹，無橙黃色飾羽。

▶胸以下白色，脇紅褐色。

▲轉繁殖羽中。

▲繁殖羽嘴黑色。

117

秧雞科
Rallidae

遍布世界各地，棲息於溼地、水田、樹林、水域邊之灌叢、草叢等環境。大多雌雄同色，體色多為褐、栗、黑、白和灰色，腹及脇常有條紋，成鳥非繁殖期和繁殖期羽色相似。頭小，體短而稍側扁，利於在濃密植叢中穿行。嘴通常細長，略向下彎，亦有短而側扁，或粗大呈圓錐形者，有些種類前額與喙相連之角質額板。翼短而圓，飛行時雙腳下垂，飛行能力不強，僅作短距低飛，但遷徙時亦能長距飛行。尾短，常上、下擺動或翹起尾羽，以顯示尾下之信號色。腳、趾多細長，利於在浮水植物上行走，某些種類趾間有瓣蹼，利於游泳。雜食性，以昆蟲、蜘蛛、蠕蟲、軟體動物、甲殼類、小魚及植物種籽、果實、嫩葉等為食，少數種類純素食。多採一夫一妻制，營巢於水邊、水中植叢、地面或樹上，雌雄共同孵卵、育雛，雛鳥為早成性，雛鳥絨羽多為黑色或深褐色。

西方秧雞 *Rallus aquaticus*

L25~28cm

屬名：秧雞屬　　英名：Water Rail　　生息狀況：迷

相似種

東亞秧雞
• 嘴較相對較短，有黑褐色過眼線及白色肩線，頭、胸偏褐色，尾下覆羽具黑斑。

▲ 過眼線不明顯，頰、頸及胸藍灰色。

| 特徵 |
• 虹膜紅色。嘴略長，橙紅色，嘴峰黑褐色。腳黃褐色。
• 似東亞秧雞，但嘴相對較細長，過眼線不明顯，頰、頸及胸藍灰色，尾下覆羽白色無黑斑。

| 生態 |
廣布於北非、歐洲、亞洲北部及中部，分布於中國西北的族群 *korejewi* 亞種冬季可能會遷徙至東部沿海越冬。單獨出現於沼澤之茂密蘆葦叢、水域附近之草叢中，性羞怯隱密，於水邊泥地或淺水中涉水覓食，遇擾時迅速隱入草叢。雜食性，以甲殼類、軟體動物、水生昆蟲、漿果、植物莖及種籽為食。2018 年 1 月宜蘭下埔有一筆紀錄。

東亞秧雞 *Rallus indicus*

屬名:秧雞屬　英名:Brown-cheeked Rail（Eastern Water Rail）　別名:普通秧雞　生息狀況:冬 / 稀

相似種

灰胸秧雞
- 頭上至後頸紅褐色，
背、脇有白色細橫紋。

▲單獨出現於沼澤、水田等水域附近。

| 特徵 |
- 虹膜紅色。嘴略長，橙紅色，嘴峰黑褐色。
腳黃褐色。
- 成鳥頭頂、背面茶褐色，有黑色軸斑，頰
灰色，過眼線黑褐色。頦灰白，頸至胸淡
褐色。上腹灰色，脇、下腹至尾下覆羽具
黑白相間橫紋。

| 生態 |
分布自蒙古北部、西伯利亞東部至韓國、日
本北部；冬季遷徙至孟加拉東部至緬甸、泰
國北部及寮國東北部、中國東南部、海南
島、臺灣、韓國及日本南部。單獨出現於沼
澤、水田等水域附近之草叢中，性羞怯隱
密，通常於薄暮或夜間活動，於水邊泥地或
淺水中涉水覓食，遇擾時迅速隱入草叢或作
短距飛逃，飛行時頭頸前伸，雙腳下垂。雜
食性，以甲殼類、軟體動物、水生昆蟲、植
物嫩芽及種籽為食。

▲頰灰色，有黑褐色過眼線。

▲於淺水域涉水覓食。

▲脇、下腹至尾下覆羽具黑白相間橫紋。

▶於水邊泥地覓食甲殼類、軟體動物、水生昆蟲。

◀成鳥頭頂、背面茶褐色，有黑色軸斑。

灰胸秧雞 / 灰胸紋秧雞 *Lewinia striata taiwana*

屬名:灰胸秧雞屬　　英名:Slaty-breasted Rail　　別名:藍胸秧雞　　生息狀況:留 / 不普，迷（金、馬）

相似種

秧雞
•體型較大。
•背面茶褐色具黑色軸斑，無白色細橫紋。

▲背、翼及尾有白色細橫紋。

| 特徵 |
• 虹膜紅色。嘴紅色，嘴峰黑色。腳黃褐色。
• 雄鳥頭上至後頸紅褐色，背、翼及尾灰褐色，有白色細橫紋及黑斑。喉白色，頰至胸、頸側灰藍色，腹中央灰白色，腹側及脇灰褐色，有白色橫紋。
• 雌鳥似雄鳥，但頭上有黑色縱紋，背面羽色較深，腹以下白色較多。

| 生態 |
其他亞種分布於印度、東南亞及中國西南。單獨出現於紅樹林、溪畔、池塘、水田及沼澤附近的溼地草叢中，沿海地區較常見。性羞怯隱密，飛行力弱，多於晨昏時分活動，不易觀察。以蠕蟲、甲殼類、軟體動物、昆蟲、植物嫩芽及種籽為食，會用嘴在軟土中探食。出現於金、馬地區之迷鳥，為 *jouyi* 亞種。

▲用嘴在軟土中探食蟹類。

▲雌鳥頭上黑色縱紋明顯。

秧雞科

121

斑胸秧雞 / 斑胸田雞 *Porzana porzana*

L22~24cm.WS37~42cm

屬名:田雞屬　　　英名:Spotted Crake　　　生息狀況:迷

▲頭、頸至胸密布白色細斑，王詮程攝。

| 特徵 |
- 虹膜褐色。嘴粗短，黃色，嘴基橘紅色。腳黃綠色。
- 頭上至後頸黑褐色，背、翼暗褐色，具黑、白斑。胸灰褐色，頭、頸至胸密布白色細斑。腹以下灰白色，尾下覆羽淡黃褐色，脅具黑、白相間橫紋。

| 生態 |
繁殖於歐洲至中亞，冬季南遷至非洲、印度及中國西部，種群數量稀少，僅 1999 年 11 月臺南葫蘆埤、2008 年 12 月新竹各一筆紀錄。出現於溼地、沼澤等草澤地帶，大多於晨昏活動，行走時尾不停地上下抽動，於岸邊、淺水灘地攝取螺貝、小魚、昆蟲及植物種籽為食。

相 似 種

灰胸秧雞
- 嘴紅色。
- 頭、頸、胸無白色細斑。

紅冠水雞 *Gallinula chloropus*

屬名：黑水雞屬　　英名：Eurasian Moorhen　　別名：黑水雞、田雞仔（臺）　　生息狀況：留／普

相｜似｜種

董雞、白冠雞

• 董雞雄鳥繁殖羽額甲突起呈雞冠狀，脇及尾下覆羽兩側無白斑。

• 白冠雞嘴、額甲白色，擅潛水。

秧雞科

▲親鳥育雛。

| 特徵 |

• 虹膜暗紅色。嘴、額甲鮮紅色，嘴先黃色。腳黃綠色。

• 成鳥頭、頸、腹面灰黑色，背、翼及尾羽黑褐色。脇有白色條紋，尾下覆羽兩側白色。

• 幼鳥嘴、額板黃褐色。背面褐色，腹面灰褐色，腹中央白色，脇有白色條紋，尾下覆羽兩側白色。

| 生態 |

除澳洲外，分布遍及全球。常成小群出現於湖泊、池塘、魚塭、沼澤、水田、溪畔等地帶，喜於水面緩慢游動，常穿梭於草叢或浮游植物間翻找食物，也會於陸地上取食，活動時尾羽不停翹動。不擅飛，需助跑才能起飛；擅游泳，頭部一伸一縮地前進。以水生昆蟲、軟體動物、螺、植物種籽為食。築巢於水塘或沼澤邊，以水草為巢材，雌雄共同營巢、抱卵與育雛，雛鳥為早熟性，出生不久即跟隨親鳥覓食，親鳥會輕咬食物，讓雛鳥練習取食。

▲出現於湖泊、魚塭、沼澤、水田等地。

123

▲常成小群活動。

▲尾下覆羽兩側白色。

▲幼鳥額板不紅。

▲雛鳥跟隨親鳥覓食。

▲以昆蟲、軟體動物、植物種籽為食。

白冠雞 / 白骨頂 *Fulica atra*

屬名：骨頂屬　　英名：Eurasian Coot　　別名：骨頂雞、烏雞仔（臺）　　生息狀況：冬 / 不普

相似種

紅冠水雞
- 嘴先端端黃色，基部及額甲紅色。
- 有白斑，尾下覆羽兩側白色。

▲出現於草澤、魚塭、湖泊、池塘等開闊水域或草叢。

| 特徵 |
- 虹膜紅色。嘴、額甲白色。腳黃綠色，趾間有瓣蹼。
- 全身大致黑色，飛行時次級飛羽末端白色。

| 生態 |

廣布於歐亞大陸、北非、印度、新幾內亞、澳洲及紐西蘭，春、夏在高緯度地區繁殖，秋、冬南遷至較溫暖的地區度冬。群棲性，常成小群出現於平地至低海拔草澤、魚塭、湖泊、池塘等開闊水域或草叢地帶。腳趾特化為前 3 趾互不相連的瓣蹼，每趾蹼有 3 節，呈橢圓形，利於在水上、陸上行動。主要以水生動、植物為食，常潛入水中找食水草。喜浮游、穿梭於水草叢間，頸部一伸一縮地前進，需助跑起飛。

▲腳趾特化為前 3 趾互不相連的瓣蹼。

▲飛行時次級飛羽末端白色。

▲嘴及額甲白色。

▲主要以水生動、植物為食。

▲游水時頸部一伸一縮地前進。

灰頭紫水雞 *Porphyrio poliocephalus*

L43~50cm

屬名：紫水雞屬　　英名：Gray-headed Swamphen　　生息狀況：迷，冬／稀（金門）

相似種

澳洲紫水雞
• 頭、背、翼至尾羽黑色。

▲體羽大致紫藍色，具紫色及綠色金屬光澤。

| 特徵 |
• 虹膜紅色。嘴粗大，紅色。額甲寬，後緣平，鮮紅色。腳粉褐色。
• 全身大致紫藍色，翼及胸藍綠色，尾下覆羽白色。

| 生態 |
本種以往被視爲紫水雞（*Porphyrio porphyrio*）之亞種，於 2015 年後提升爲種的層級。分布於中東、印度、南亞至泰國北部。棲息於多蘆葦的草澤、湖泊及河口等水域，擅游泳，喜步行，飛行費力但能遠距飛行。以水生植物嫩芽、小魚、軟體動物和昆蟲爲食，在浮水植物及蘆葦中行走翻找食物，也會於草地、稻田取食，活動時不停抽動尾羽。出現於金門者爲 *P. p. viridis* 亞種。

▲圖爲指名亞種。

▲棲息草澤、湖泊及河口等水域。

127

澳洲紫水雞 *Porphyrio melanotus*

屬名:紫水雞屬　英名:Australasian Swamphen　生息狀況:迷

秧雞科

相似種

灰頭紫水雞
• 全身紫藍色具金屬光澤，頭灰色。

▲頭、背、翼至尾羽黑色，喉、頸、胸至腹大致藍色。

| 特徵 |
• 虹膜紅色。嘴及額板鮮紅色，嘴粗大呈錐狀，額板寬，後緣平。腳紅至粉紅色。
• 雄雌同色。頭、背、翼至尾羽黑色，喉、頸、胸至腹大致藍色，尾下覆羽白色。
• 幼鳥羽色黯淡，嘴及額板黑色，腳褐色。

| 生態 |
分布於澳洲、巴布亞新幾內亞、紐西蘭及印尼東部之摩鹿加、阿魯、卡伊群島。棲息於溼地、池塘、草澤、湖泊及河口等水域，雜食性，主要以水生植物之根、莖、嫩芽及種籽為食，也吃軟體動物、昆蟲、小魚等。在浮水植物及蘆葦叢中行走翻找食物，步行時常翹起尾羽，有踩踏蘆葦莖啄食莖、葉與嫩芽行為。2019年4月、2020年6月宜蘭頭城及利澤簡各一筆紀錄，應為同隻個體，肩羽有胸側延伸的藍色斑塊，研判為 *P. m. melanopterus* 亞種。

▲嘴及額板鮮紅色，嘴粗大呈錐狀。

▲啄食剛冒出的嫩芽。

▲踏踩蘆葦莖啄食莖心與嫩葉。

▲肩羽有胸側延伸的藍色斑塊。

▲活動時不停抽動尾羽。

▶用腳踩壓蘆葦莖以啄食莖心與嫩芽。

董雞 *Gallicrex cinerea*

III ｜ L♂42~43cm♀35~36cm

屬名：**董雞屬**　英名：Watercock　別名：**鶴秧雞、田董（臺）**　生息狀況：**留、夏／稀**

相|似|種

紅冠水雞
•額甲無突起。
•脇及尾下覆羽兩側有白斑。

▲雄鳥繁殖期紅色額甲醒目。

| 特徵 |

• 虹膜褐色。腳黃綠色。

• 雄鳥繁殖羽嘴黃色，上嘴基至額甲紅色，額甲突起呈雞冠狀。全身大致灰黑色，翼覆羽羽緣褐色，尾下覆羽白色。非繁殖羽似雌鳥。

• 雌鳥體型較小，嘴淡黃褐色，無額板。全身大致黃褐色，翼覆羽軸斑黑色，羽緣淡褐色；腹面有暗褐細橫紋。

| 生態 |

繁殖於朝鮮半島、中國東部、南亞、中南半島、臺灣及菲律賓等地，冬季遷移至印尼群島。單獨或成對出現於水生植物叢生之沼澤、湖畔、稻田等地帶，以水生昆蟲、螺貝、植物種籽及嫩葉為食，性羞怯機警，多於晨昏活動，白天隱伏於草叢。繁殖期雄鳥會發出「董～董～董～」厚重響亮之鳴聲，因而得名，為鄉土味濃厚的水禽。

▲飛行時腳伸出尾後。

▲雌鳥與雄鳥非繁殖羽相似。

▲發情期躬頸鼓胸鳴叫。

▲棲息於沼澤、水田、草叢中。

▲雄鳥全身大致灰黑色。

▲雄鳥非繁殖羽。

▲額甲突起呈雞冠狀。

▲性羞怯，喜晨昏活動。

白腹秧雞 / 白胸苦惡鳥 *Amaurornis phoenicurus*

屬名:苦惡鳥屬　　英名:White-breasted Waterhen　　別名:白胸秧雞、苦惡鳥、苦雞母（臺）

生息狀況:留 / 普

秧雞科

▲繁殖期雄鳥上嘴基鮮紅且膨大,李豐曉攝。

| 特徵 |
- 虹膜紅褐色。嘴黃綠色,上嘴基紅色。腳橘黃色,趾長。
- 成鳥背面黑色,額、頰、喉至上腹白色,下腹及尾下覆羽紅褐色。繁殖期雄鳥上嘴基紅色較雌鳥膨大且鮮豔。
- 幼鳥嘴、腳褐色,背面黑褐色,腹面汙白色。

▲幼鳥嘴、腳褐色,腹面汙白色。

| 生態 |
分布於南亞、中國東南、東南亞。出現於平地至低海拔沼澤、池塘、溝渠等水域或灌叢地帶,會於淺水區或浮水植物上行走,性羞怯,遇干擾即隱入草叢。常單獨活動,偶爾三兩成群,於灌叢、草叢邊緣空地覓食,常可見其穿越鄉間馬路,行走時不停抽動尾羽。以植物嫩芽、種籽、水生昆蟲、螺、小魚等為食,夜晚常持續發出單調的「苦啊～苦啊～」叫聲。

▲偶爾也會上樹。

白眉秧雞 / 白眉田雞 *Poliolimnas cinereus*

L15~20cm.WS27cm

屬名:灰苦惡鳥屬　英名:White-browed Crake　別名:白眉灰秧雞、灰田雞　生息狀況:迷

秧雞科

| 相 | 似 | 種 |

小秧雞
- 體型較肥胖，嘴基黃綠色。
- 眼上、下無白色條斑。
- 下腹至尾下覆羽有黑、白相間橫紋。

▲ 2020 年 5 月於屏東林邊試圖繁殖之個體。

| 特徵 |
- 虹膜紅色。嘴黃色，嘴基紅色。腳黃綠色，趾長。
- 成鳥過眼線黑色，上、下具明顯白色條斑。頭上、後頸及胸灰色，喉白色。背部褐色，有黑褐色斑。腹偏白，脇及尾下覆羽黃褐色。
- 幼鳥全身黃褐色。嘴黃褐色，眼上、下具白色條斑，喉白色，腹面偏白。

| 生態 |
分布於南洋群島、澳洲北部及太平洋島嶼。單獨或成對出現於沼澤、池塘、菱角田等水域，性羞怯，常於溼地草叢中穿梭活動，趾長，能於浮水植物上行走，以昆蟲、小魚、植物種籽及嫩葉為食。2020 年 5 月屏東林邊有一對白眉秧雞於布袋蓮池試圖築巢繁殖未果。

▲常於浮水植物上行走。

▲繁殖期嘴基鮮紅。

133

▲攝取昆蟲、小魚。

▲性羞怯，常於草叢穿梭活動。

◀ 2020 年 5 月攝
於屏東林邊。

▲眼上、下具白色條斑。

紅腳秧雞 / 紅腳斑秧雞 *Rallina fasciata*

L23~25cm

屬名:斑秧雞屬　　英名:Red-legged Crake　　別名:紅腿斑秧雞　　生息狀況:迷

秧雞科

▲翼覆羽及飛羽有白斑，蔡牧起攝。

| 特徵 |

- 虹膜、眼圈紅色。嘴鉛灰色。腳紅色。
- 頭、頸至胸栗紅色，喉色較淡。背、翼及尾暗褐色，翼覆羽有白斑，飛羽具白色橫斑。腹、脇至尾下覆羽為黑白相間粗橫紋。

| 生態 |

分布於印度東北、菲律賓、婆羅洲、印尼、馬來西亞及緬甸，棲息於近樹林的溼地、水邊灌叢或蘆葦叢。雜食性，以草籽、甲殼動物、昆蟲等為食。性羞怯隱密，遇擾時也不驚飛，不易觀察。臺灣僅 1929 年蘭嶼、1988 年雲林濁水溪、1990 年臺東市郊三筆紀錄。

相似種

灰腳秧雞、斑脇秧雞

- 灰腳秧雞腳灰黑色，翼覆羽無白斑。
- 斑脇秧雞頭上至背面深褐色，腹、脇白色橫紋較細。

▲腹、脇至尾下覆羽為黑白相間粗橫紋，蔡牧起攝。

灰腳秧雞 / 灰腳斑秧雞 *Rallina eurizonoides formosana*

特有亞種　L21~25cm

屬名:斑秧雞屬　　英名:Slaty-legged Crake　　別名:白喉斑秧雞　　生息狀況:留 / 不普

秧雞科

相似種

緋秧雞、紅腳秧雞
- 緋秧雞後頭灰褐色，腹面白色橫紋較細，範圍僅下腹至尾下覆羽，腳紅色。
- 紅腳秧雞腳紅色，翼覆羽有白斑。

▲灰腳秧雞為森林性秧雞。

| 特徵 |

- 虹膜紅色，眼圈黃色。嘴、腳灰黑色。
- 雄鳥頭至上胸、頸側栗紅色，喉白色。後頸、背至尾暗栗褐色，下胸、脇至尾下覆羽為黑白相間橫紋。雄亞成鳥似雌鳥，但頭、頸、胸間雜栗紅色。
- 雌鳥頭至上胸、背面黑褐色，頰灰色，下胸至尾下覆羽為黑白相間橫紋。雌亞成鳥似雌鳥。

| 生態 |

其他亞種分布於南亞、中國西南、中南半島、蘇門答臘及菲律賓。出現於平地至低海拔山區之林緣底層、海岸防風林、林內溼地及茂密灌叢等地帶，棲地與其他喜歡活動於水域之秧雞不同，為森林性秧雞。生性隱密，於晨昏或夜間活動，尾短，常上下翹動，以蠕蟲、昆蟲、螺、植物嫩芽和種籽為食。4～6月繁殖期間常徹夜反覆的「喔～喔～」鳴叫，聲音與黃嘴角鴞極似，但黃嘴角鴞叫聲為「噓～噓～」，氣音較濃，灰腳秧雞則喉音較重。

▲虹膜紅色，眼圈黃色，嘴、腳灰黑色。

▲雌鳥頭至上胸、背面黑褐色，李豐曉攝。

▲棲息於低海拔林緣底層、海岸防風林、灌叢等地帶。

▲雄鳥下胸、脇至尾下覆羽為黑白相間橫紋。

▲生性隱密，晨昏活動。

▲親鳥攜雛鳥覓食。

緋秧雞 / 紅胸田雞 *Zapornia fusca*

L21~23cm

屬名:小田雞屬　　英名:Ruddy-breasted Crake　　別名:米雞仔、紅腳仔（臺）　　生息狀況:留 / 普

秧雞科

相似種

斑脇秧雞、紅腳秧雞
- 斑脇秧雞額、頭上至背面暗褐色，初級覆羽具白斑，脇有黑、白相間橫紋，腳暗紅色。
- 紅腳秧雞翼有白斑，腹面白色橫紋較粗，範圍較大。

▲因棲息於稻田攝取稻穀而有「米雞仔」之稱。

| 特徵 |
- 虹膜紅色。嘴灰黑色。腳紅色。
- 額、前頭、臉、前頸至上腹栗紅色，後頭至背部暗灰褐色，喉乳白色，下腹至尾下覆羽灰黑色，有白色細橫紋。

| 生態 |
廣布於印度北部、中南半島、南洋群島等東南亞地區，因棲息於稻田，覓食稻穀等作物，而有「米雞仔」之名，又因雙腳紅色鮮明，俗稱「紅腳仔」。單獨出現於平地至低海拔之沼澤、水田、蘆葦叢、池塘及河畔草叢等地帶，性羞怯，警戒心強，喜於晨昏活動，以昆蟲、軟體動物或植物種籽為食。營巢於河畔草叢或水田稻株間，以禾本科植物之莖葉為巢材。

▲額、臉、前頸至上腹栗紅色。

▲雙腳紅色鮮明。

▲親鳥攜雛鳥活動。

▶以昆蟲或植物種
籽為食。

◀俗稱「紅腳仔」。

斑脇秧雞 / 斑脇田雞 *Zapornia paykullii*

L20~22cm

屬名:小田雞屬　英名:Band-bellied Crake　別名:栗胸田雞　生息狀況:迷

▲額、頭上至背面暗褐色，沈其晃攝。

| 特徵 |
- 虹膜紅色。嘴粗短，灰黑色。腳暗紅色。
- 額、頭上至背面暗褐色，頦、喉白色，臉、頸側、前頸至上腹栗紅色。初級覆羽具不明顯細白斑，有些個體無白斑。脇、下腹至尾下覆羽為黑、白相間橫紋。

| 生態 |
繁殖於東北亞，冬季南遷至婆羅洲、爪哇、蘇門答臘等島嶼，出現於植叢茂密之沼澤、溼地等潮溼環境，習性隱密，常於枝葉濃密之灌叢活動，於地面攝取螺貝、甲殼類、昆蟲及植物種籽為食。臺灣僅 1997 年 9 月臺北三重、2002 年 11 月野柳、2007 年 10 月臺北各一筆紀錄。

相似種

緋秧雞
- 額至前頭栗紅色。
- 初級覆羽無白斑，脇無黑、白相間橫紋。

紅腳苦惡鳥 *Zapornia akool*

L26~28cm

屬名：小田雞屬　　英名：Brown Crake　　生息狀況：過／稀（馬祖）

▲為馬祖稀有過境鳥，李日偉攝。

| 特徵 |
• 虹膜紅色。嘴黃綠色，嘴先黑色。腳洋紅色，趾長。
• 頭上至背面大致褐色，頰、頸至胸藍灰色，腹及尾下覆羽褐色。

| 生態 |
分布於印度、中國華南等地，臺灣僅馬祖有過境鳥紀錄。出現於沼澤、池塘等草叢地帶，性羞怯隱密，多於晨昏活動，行走時不停抽動尾羽，遇干擾即隱入草叢。雜食性，以昆蟲、螺貝、蠕蟲、草籽為食。

相 似 種
白腹秧雞
• 額、頰、喉至上腹白色。

小秧雞 / 小田雞 *Zapornia pusilla*

L17~19cm

屬名：小田雞屬　　英名：Baillon's Crake　　生息狀況：冬／稀，過／稀（金、馬）

▲常於浮葉植物上活動覓食。

| 特徵 |

• 虹膜紅色。嘴短，嘴峰灰黑，嘴基黃綠色。腳灰綠色，趾長。

• 成鳥頰至上腹灰色，過眼線褐色。背面褐色，有白色縱紋及黑色斑點。脇、下腹至尾下覆羽為黑、白相間橫紋。

• 幼鳥羽色較淡，背面具白色點斑。

| 生態 |

廣布於歐亞大陸、非洲，冬季南遷至南亞、印尼、菲律賓、新幾內亞及澳洲。出現於沼澤、水田及河畔草澤地帶，晨昏活動，性羞怯，少飛行，能輕巧地穿行於蘆葦叢中，常於浮葉植物上活動覓食，主要食物為水生昆蟲，也吃甲殼類、軟體動物、植物嫩芽及種籽。

▲出現於草澤、水田地帶。

相似種

東亞秧雞
• 體型較大，嘴橙紅色較長。
• 背面茶褐色，有黑色軸斑，無白色縱紋。

▲背面褐色，有白色縱紋。

▲頰至上腹灰色。

▶脇、下腹至尾下覆
羽為黑白相間橫紋。

◀性羞怯,少飛行。

除南美洲外，全球各大洲均有分布。大型涉禽，雌雄同色。頭小，頸長，頭部常有紅色裸皮，嘴直而長。翼寬闊，尾短。腳長，後趾小而高，不能與前3趾對握，因此多不能棲息於樹上。棲息於開闊平原、草原、溼地草澤、農田等地帶，飛行時頸、腳伸直，振翅緩慢。雜食性，以昆蟲、魚蝦、螺貝、軟體動物及植物根、莖、種籽等為食，常於水邊泥灘、沼澤間覓食。

採一夫一妻制，通常終生成對，營巢於沼澤間之蘆葦叢，雌雄共同築巢、孵蛋及育雛，雛鳥為早成性，破殼不久就能走動，3個月左右即可飛行，4個月齡體型如成鳥，孵化當年便能隨著親鳥南遷越冬。

簑羽鶴 *Anthropoides virgo*

Ⅱ L90~100cm.WS150~170cm

屬名：簑羽鶴屬　　英名：Demoiselle Crane　　別名：閨秀鶴　　生息狀況：迷

▲前頸灰黑色簑羽醒目，呂宏昌攝。　　▲飛行時，翼上、下覆羽灰白色，呂宏昌攝。

| 特徵 |

• 虹膜紅色。嘴黃色至紅褐色，嘴基灰黑色。腳黑色。
• 全身大部分灰白色。頭黑色，頭上灰色，眼後有一簇白色絲狀長羽延伸至後頭。前頸灰黑色羽毛甚長，垂落胸部成簑羽。三級飛羽黑色及其覆羽灰白色甚長，停棲時披覆於尾羽上。
• 飛行時頸、腳伸直，翼上、下覆羽灰白色，飛羽黑色。

| 生態 |

繁殖於東歐黑海、中亞至蒙古、中國東北等地，越冬於中國華東、華南、印度和非洲，為鶴科體型最小的一種。生性害羞，棲息於開闊的荒漠草原、熱帶草原、沼澤、湖泊、葦塘等地帶，也會到農耕地活動，以植物根、莖、種籽、昆蟲、魚及軟體動物等為食，臺灣僅 2005 年 6 月澎湖七美、2013 年 5 月宜蘭南澳 2 筆紀錄。

▲眼後有白色絲狀長羽，呂宏昌攝。

白鶴 *Leucogeranus leucogeranus*

屬名：白鶴屬　　英名：Siberian Crane　　別名：西伯利亞白鶴、雪鶴　　生息狀況：迷

鶴科

▲小翼羽、初級飛羽黑色，攝於 2015 年 6 月。

| 特徵 |

- 虹膜黃色。嘴暗紅色，嘴端色深。腳粉紅色。
- 成鳥臉部裸皮猩紅色。除小翼羽、初級飛羽黑色外，全身白色。雄鳥體型較雌鳥稍大。
- 幼鳥頭及頸褐色，身體由褐色與白色組成，隨著成長褐色逐漸消失。
- 飛行時頸、腳伸直，初級飛羽黑色醒目。

| 生態 |

分布於西伯利亞，冬季遷徙至中國鄱陽湖、裏海南部及印度度冬。偏好在溼地環境活動與覓食，幾乎完全利用溼地築巢、棲息。雜食性，以水生植物的根、莖、種籽及甲殼類、魚、螺貝等為食。由於棲息地喪失及開發影響導致種群稀少，名列全球「極危」鳥種。

2014 年 12 月 10 日彭佳嶼首次記錄白鶴幼鳥，三日後飛抵新北市金山清水溼地，經一年多成長轉為成鳥羽色後，於 2016 年 5 月 12 日消失。2021 年 11 月宜蘭出現白鶴來臺度冬第二筆紀錄。

▲隨著成長褐色逐漸消失，2015 年 6 月金山小白鶴。

▲金山小白鶴，2016 年 1 月已轉為成鳥羽色。

▲幼鳥頭及頸褐色，體褐色與白色，2014 年剛飛抵金山的小白鶴。

▲成鳥臉部裸皮猩紅色，全身白色，2021 年 11 月攝於宜蘭。

▲金山小白鶴，2015 年 4 月體羽殘留褐色。

▲名列全球「極危」鳥種。

▲偏好於溼地環境活動
與覓食。

▶白鶴成為金山溼地
友善耕作的契機。

◀宜蘭出現白鶴來臺
度冬第二筆紀錄。

沙丘鶴 *Antigone canadensis*

II L100~120cm.WS180~200cm

| 屬名:赤頸鶴屬 | 英名:Sandhill Crane | 別名:棕鶴、加拿大鶴 | 生息狀況:迷 |

▲成鳥額頭及眼先裸皮鮮紅色,有稀疏黑色鬃毛。

| 特徵 |

- 虹膜橙黃色。嘴灰黑色長而粗,腳近黑色。
- 成鳥額頭及眼先裸皮鮮紅色,有稀疏黑色鬃毛。頰、喉灰白。全身大致灰色,雜有褐色羽毛,腹面羽色稍淡。
- 幼鳥體羽褐色斑駁,頭無紅色裸皮。
- 飛行時頸、腳伸直,初級飛羽黑色。

| 生態 |

繁殖於北極、北美洲亞北極區及西伯利亞東部,冬季遷徙至美國西南部及墨西哥中北部,棲息於開闊草原、牧場、淡水溼地及河岸沼澤中。性機警,喜成群活動,常隱匿於灌木或較高草叢,遇擾時立刻起飛,需助跑才能升空,同時鳴叫。雜食性,以植物的塊莖、葉、漿果及穀粒爲食,亦食昆蟲、蝦、雛鳥、蛇及小鼠等小型動物。出現於臺灣者爲指名亞種,2019 年 11 月於屏東墾丁初次被發現,之後出現於濁水溪畔,停留一段時間。

▲沙丘鶴家族,右爲幼鳥。

▲幼鳥頭無紅色裸皮。

▶ 棲息於開闊草原、牧場、淡水溼地及河岸沼澤。

◀ 仝身大致灰色，雜有褐色羽毛。

▲ 2019 年 11 月屏東墾丁首次紀錄，之後出現於濁水溪畔。

白枕鶴 *Antigone vipio*

屬名：赤頸鶴屬　　英名：White-naped Crane　　生息狀況：迷

鶴科

相｜似｜種

白頭鶴
•眼周無紅色裸皮。

▲飛行時翼上、下覆羽灰白色。

| 特徵 |
• 虹膜黃色至橘紅色。嘴灰至黃色。腳淡紅色。
• 成鳥額及眼周裸皮紅色，裸皮外緣及嘴基有黑色簇毛，耳羽灰黑色。頭、喉、後頸至上背白色；頸側、前頸下部至腹面灰黑色。背面深灰色，翼上覆羽灰白色甚長，停棲時覆蓋尾羽。
• 飛行時頸、腳伸直，翼上、下覆羽灰白色，飛羽黑色。
• 幼鳥似成鳥，但頸部有黃褐色羽毛。

| 生態 |
繁殖於西伯利亞、蒙古、中國北部及東北地區，越冬於中國華中、華南、日本、朝鮮半島等地。棲息於多蘆葦與水草之沼澤、湖泊及河岸地帶，遷徙季節有時出現於農田和海灣地區，以植物根、莖、嫩葉、種籽、魚蝦、蛙類、軟體動物及昆蟲等為食。本種種群數量稀少，名列全球「易危」鳥種，臺灣僅 1932 年臺北 1 筆紀錄。

▲引頸鳴唱。

▶白枕鶴家族，
中間為幼鳥。

◀翼上覆羽灰白色
甚長，停棲時蓋住
尾羽。

▲種群數量稀少。

灰鶴 *Grus grus*

屬名：鶴屬　　英名：Common Crane　　生息狀況：迷

II L95~120cm.WS180~200cm

▲成鳥全身大部分灰色，前額、眼先、喉及前頸黑色。

| 特徵 |
• 虹膜黃褐色至紅色。嘴灰黃色。腳黑色。
• 成鳥全身大部分灰色，前頭、眼先、喉及前頸黑色，頭上裸皮紅色，有稀疏的黑色短羽，後頭灰黑色，眼後有寬白色條斑延伸至後頸。
• 飛行時頸、腳伸直，翼上、下覆羽灰白色，飛羽黑色。
• 幼鳥頭部淡褐色，頭上被羽，體羽灰褐色。

▲遷徙時喜停歇於農耕地覓食。

| 生態 |
廣布於歐亞大陸及非洲，為全球分布最廣、數量最多的鶴類，亞洲度冬區為中國南部、日本、朝鮮半島及印度，出現於草澤、空曠農地及淺湖地帶，遷徙時喜停歇於農耕地覓食。雜食性，以植物根、莖、葉及果實為主食，亦食昆蟲。臺灣僅 1980 年新竹客雅溪口、1988 年蘭陽溪口及 2007 年 2 月宜蘭三筆紀錄，其中出現於宜蘭之灰鶴隔日飛至臺北金山。

▲ 2007 年 2 月攝於新北市金山清水溼地。

▲出現於草澤、空曠農地及淺湖地帶，2007 年 2 月攝於金山清水溼地。

▲飛行時頸、腳伸直，翼上、下覆羽灰白色，飛羽黑色。

▲以植物根、莖、葉及果實為主食。

▲為全球分布最廣、數量最多的鶴類。

白頭鶴 *Grus monacha*

屬名:鶴屬　　英名:Hooded Crane　　生息狀況:迷

相 似 種

白枕鶴
•眼周紅色，體色較淡，腳淡紅色。

▲親鳥與幼鳥。

| 特徵 |

• 虹膜紅色。嘴黃色。腳灰色。

• 成鳥頭至上頸部白色，額、眼先黑色，頭
  上裸皮紅色。下頸以下灰黑色，飛羽黑色。
  三級飛羽甚長，停棲時覆蓋著尾羽。

• 飛行時頸、腳伸直，翼上、下覆羽及飛羽
  黑色。

• 幼鳥虹膜褐色，嘴淡紅色，頭、頸淡黃褐
  色，眼先黑色。

▲以植物漿果、穀類、根、莖為主食。

| 生態 |

繁殖於西伯利亞東南部、蒙古及中國東北，
越冬於日本南部鹿兒島及中國東部，出現於
沼澤、溼地、收割後之稻田、農耕地等地帶，
以植物漿果、穀類、根、莖為主食，亦食昆
蟲、軟體動物、蛙類等。由於棲地喪失與環
境惡化，種群數量稀少，名列全球「易危」
鳥種。

▶ 飛行時頸、腳伸直，翼
上、下覆羽及飛羽黑色。

▶三級飛羽甚長，停
棲時覆蓋著尾羽。

◀幼鳥虹膜褐色，
頭、頸淡黃褐色。

▲成鳥頭至上頸部白色，額、眼先黑色，頭上裸皮紅色。

▲由於棲地喪失與環境惡化，種群數量稀少。

▲ 2012 年 2 月攝於宜蘭。

▲出現於沼澤、溼地、收割後之稻田、農耕地等地帶。

▲ 2014 年 3 月攝於新北市貢寮。

▲引頸鳴唱。

丹頂鶴 *Grus japonensis*

屬名：鶴屬　　英名：Red-crowned Crane　　生息狀況：迷

相似種

灰鶴
• 身體灰色。

▲ 2003 年來臺的亞成鳥丹丹。

| 特徵 |
• 虹膜褐色。嘴灰黃色。腳灰黑色。
• 成鳥頭頂裸皮紅色，眼後至後頸白色，額、眼先、喉、頸側黑色，次級及三級飛羽黑色，其餘部分白色。三級飛羽甚長，停棲時覆蓋尾羽，狀似黑色尾羽。
• 飛行時頸、腳伸直，翼上、下覆羽及初級飛羽白色，僅次級及三級飛羽黑色。
• 幼鳥頭、頸淡黃褐色，頭上被羽。亞成鳥似成鳥，但初級飛羽末端黑色。

| 生態 |
分布於東北亞，繁殖於中國東北、西伯利亞東南、日本北海道，越冬於中國華北、華中及朝鮮半島，其中分布於日本北海道者為留鳥，並不遷徙。出現於溼地草澤、農耕地及潮間泥灘等地帶，攝取魚蝦、螺貝及植物根、莖、種籽為食，繁殖期會共跳精彩悅目的求偶舞，稱之為「鶴舞」。本種種群數量稀少，名列全球「瀕危」鳥種，臺灣近年之紀錄有 2003 年 12 月新北市貢寮區一隻，隔年於新竹遭槍擊，經臺北市立動物園醫治後，於 2008 年送韓國放養，卻不幸撞傷不治。另 2007 年 11 月 4 隻丹頂鶴家族飛抵新北市金山區，並於金山、淡水一帶度冬，至 2008 年 5 月離臺。

▲亞成鳥初級飛羽末端黑色。

鶴科

▲飛行時頸、腳伸直，僅次級及三級飛羽黑色。

▲ 2008 年春，北返前常做長距離飛行練習。

◀ 2007 年 11 月來臺的丹頂鶴家族。

▲右為 2007 年 11 月剛
抵臺的幼鳥。

▶左為抵臺 4 個月
後的幼鳥。

◀種群數量稀少,名
列全球瀕危鳥種。

除南、北極外，分布於全球，部分為長程遷徙候鳥，部分為留鳥，臺灣有1種繁殖。為高而優雅之涉禽，大部分雌雄同色。體型纖細，嘴細長，筆直或上翹，頭、腳均長，可於稍深之水中覓食。棲息於開闊淺水溼地，喜群聚，性喧鬧，飛行能力強，擅於在陸地上行走、淺水中涉行或游泳。利用視覺與觸覺取食甲殼類、軟體動物、昆蟲及小魚等為食。一夫一妻制，在地面築成淺凹巢，雌雄共同孵卵，雛鳥為早成性。

長腳鷸科
Recurvirostridae

高蹺鴴 / 長腳鷸 *Himantopus himantopus*

L35~40cm.WS67~83cm

屬名:長腳鷸屬　　英名:Black-winged Stilt　　別名:黑翅長腳鷸　　生息狀況:冬、留/普

▲雄鳥繁殖羽，頭、頸全白，背及翼具墨綠色光澤。

| 特徵 |
• 虹膜紅色。嘴黑色細長。腳甚長，粉紅色。
• 繁殖羽雄鳥有頭、頸全白者；亦有額白色，頭上至後頸黑色，後頸與背之間白色者；有些個體眼上方黑色。背及翼黑色具墨綠色光澤；腹面白色。雌鳥似雄鳥，但背部暗褐色。
• 非繁殖羽下嘴基橘色，頭上至後頸灰褐色或白色；雌鳥背部褐色較濃。
• 幼鳥嘴基橘色，背面褐色較濃，有淡色羽緣，腳橘紅色。
• 飛行時背中央、腰至尾上覆羽白色，翼黑色，幼鳥及亞成鳥翼後緣白色。長腿伸出尾後。

| 生態 |
分布於歐亞大陸、非洲、印度、中南半島、東南亞、澳洲等地，棲息於鹽田、草澤、魚塭或休耕水田等地帶，結群活動，喜於淺水溼地休息與覓食，以嘴左右掃動捕食水生昆蟲、螺貝、小魚蝦、軟體動物等為食。早期為冬候鳥，1986年首度於大肚溪口繁殖，1992年起臺灣四草鹽田有集體繁殖，繁殖族群現已廣泛分布臺灣平地各溼地。繁殖期為3～7月，築巢於水邊土堆或田埂上，以草莖為巢材，雌雄共同孵卵，雛鳥為早成性，出生不久即能自行覓食，繁殖期親鳥有激烈的護雛行為，遇有入侵者會飛起高聲尖叫，並飛近驅離入侵者，也會有「擬傷」動作。

▲雄鳥繁殖羽，頭上至後頸黑色之個體。

▶喜於淺水溼地休息與覓食，雄鳥非繁殖羽。

◀高蹺鴴已成為普遍留鳥。

▲雌鳥繁殖羽。

▲雌鳥非繁殖羽。

▲幼鳥、背及翼覆羽具淡色羽緣。

▲雛鳥為早成性，出生不久即能自行覓食。

▲冬季常聚成大群，翼後緣白色者為末成鳥。

▲休息時特殊的蹲姿。

▲雌雄共同育雛。

反嘴鴴 / 反嘴長腳鷸 *Recurvirostra avosetta*

L42~45cm.WS77~80cm

屬名:反嘴長腳鷸屬　　英名:Pied Avocet　　別名:反嘴鴴　　生息狀況:冬 / 局普

▲飛行時背兩側，部分覆羽及初級飛羽黑色。

| 特徵 |

- 雌雄同色。虹膜褐色。嘴黑色，細長而上翹，雌鳥嘴較短且彎。腳藍灰色，趾間有蹼。
- 成鳥頭頂、後頸、背兩側及部分覆羽、初級飛羽黑色，其餘部分白色。幼鳥黑色部分偏褐色。
- 飛行時背兩側、部分覆羽、初級飛羽黑色，體下白色。

| 生態 |

分布於歐亞大陸、印度及非洲，東亞族群度冬於中國東南沿海、臺灣等地。每年 11 月至翌年 5 月出現於河口、沙洲、海岸附近之魚塭、沼澤與水田，以小魚蝦、螺貝、昆蟲及底棲生物為食，常成群於淺水中以翹嘴左右掃動，憑著敏銳的觸覺取食，擅游泳，亦能在水深處覓食。本種因度冬區之破壞與開發威脅，有待保育。臺灣主要度冬地為西南部沿海溼地，數量有逐年增加之趨勢。

▲以翹嘴左右掃動，憑觸覺感應獵物。

▲出現於河口、魚塭、沼澤及水田。

163

▲為局部普遍冬候鳥。

▲常群聚以倒栽蔥方
式攝取底棲生物。

◀數量有逐年增
加趨勢。

蠣鷸科
Haematopodidae

廣布於世界各地溫帶至熱帶沿海溼地，臺灣僅 1 種。為中型涉禽，體羽主要為黑、白色或全黑，體型粗壯，嘴長，尖端側扁；腳粗，後趾退化。棲息於海岸、河口或河岸地帶，常佇立於海濱岩石上等待退潮，單獨或小群在海灘上以嘴探索貝類、甲殼類或蠕蟲為食。擅行走，飛行力強。築巢於海濱砂礫中，雌雄共同孵卵，雛鳥為早成性。

蠣鴴 / 蠣鷸 *Haematopus ostralegus*

L40~47.5cm.WS72~86cm

屬名：蠣鷸屬　英名：Eurasian Oystercatcher　生息狀況：迷，留／不普、冬／普（金門），夏／稀（馬祖）

▲出現於海岸、沙洲、河口地帶。

▲飛行時翼上白色寬帶醒目。

▲在金門為普遍冬候鳥。

| 特徵 |
- 雌雄同色。虹膜紅色。嘴橙紅色，長而直。腳粉紅色。
- 成鳥頭、頸至上胸、背黑色，腰及尾上覆羽白色，翼黑色有白斑，翼角上方、下胸以下白色。雌鳥背面偏褐，嘴較雄鳥長。
- 幼鳥似成鳥，但虹膜暗褐色，嘴橙黃色，先端黑褐色，腳粉灰色，體羽黑色部分偏褐。
- 飛行時腰至尾羽白色，尾羽末端黑色，翼上白色寬帶醒目。

| 生態 |
分布於歐洲、亞洲及非洲，東亞族群繁殖於西伯利亞、中國東北、朝鮮半島等地，越冬於中國東南沿海。單獨或小群出現於海岸、沙洲、河口地帶，以牡蠣、蛤、蚌、甲殼類或蠕蟲等為食，喙尖扁平，利於鑿開貝類。飛行緩慢，鼓翼幅度大。金門之留鳥自 5 月中旬開始繁殖，利用礁嶼淺凹，鋪上碎貝殼為巢，對棲地的忠誠度高，曾文溪口連續幾年有度冬紀錄。

分布全球各地,少部分為留鳥,繁殖於高緯度的種類為遷徙性候鳥,能遷徙至很遠的地方,臺灣有3種繁殖。為小、中型涉禽,體色多偏灰色或褐色,體型圓胖,眼大、嘴細而直,趾不具瓣蹼。除繁殖季節外,高度結群。棲息於各種灘地、溼地、草原、海岸及潮間帶,以動物性食物為主食,主要攝取地表的昆蟲、甲殼類、蠕蟲等底棲生物,部分取食植物。日夜活動,會隨月光及潮汐改變覓食時間。採一夫一妻制,在河床、海岸砂礫地淺凹處營巢,雌雄共同孵卵、育雛,雛鳥為早成性。

灰斑鴴 *Pluvialis squatarola*

L27~31cm.WS71~83cm

屬名:斑鴴屬　　英名:Black-bellied Plover / Grey Plover　　別名:斑鴴　　生息狀況:冬 / 普

相 似 種

太平洋金斑鴴
•體背面有金黃色斑點。
•飛行時翼帶不明顯,腰非白色,腋下無黑斑。
•非繁殖羽背面羽緣淡金黃色。

▲於泥灘攝取蠕蟲為食,成鳥轉繁殖羽中。

| 特徵 |
• 雌雄同色。虹膜暗褐色。嘴、腳黑色。
• 繁殖羽背面灰黑色,滿布黑色及白色斑點,頰、喉至上腹黑色,自額、眉線、頸側至胸側有白色縱帶,下腹以下白色。
• 非繁殖羽背面灰褐色,有黑褐色斑點及白色羽緣,眉線白色不明顯。腹面白色,頸、胸有褐色縱紋。
• 幼鳥似非繁殖羽,但背面黑褐色斑點及白色羽緣較多而明顯,腹面縱斑較多。

▲雄鳥繁殖羽,臉、喉以下至胸、腹黑色。

| 生態 |
繁殖於歐亞大陸北部、阿拉斯加等地,冬季南遷至非洲、南亞、東南亞、澳洲及美洲西部等熱帶、亞熱帶沿海。9月至翌年5月出現於海岸、河口、沙洲與泥灘地帶,主要分布於新竹、臺中、彰化、嘉義及臺南沿海,單獨或成鬆散群體活動,偶爾與金斑鴴混群,常於潮間帶覓食,行走迅速、敏捷,以昆蟲、蠕蟲、甲殼類、軟體動物為食。

▲幼鳥背面多白色羽緣及碎斑，三級飛羽羽緣有三角形白斑。

▲成鳥非繁殖羽。

▲飛行時腰白色，腋下有黑色斑塊，換羽中。

▲繁殖羽背面灰黑色，滿布黑、白斑點。

▲9月中旬成群南遷。

▲左繁殖羽、右換非繁殖羽中。

▲左非繁殖羽、右繁殖羽。

167

太平洋金斑鴴 / 金斑鴴 *Pluvialis fulva*

L23~26cm.WS60~67cm

屬名：斑鴴屬　　英名：Pacific Golden-Plover　　生息狀況：冬／普

相似種

灰斑鴴

- 體型較大，背面無金黃色斑點。
- 飛行時腰、翼帶白色，腋下黑色斑塊甚為醒目。
- 非繁殖羽背面黑褐色斑點及白色羽緣較明顯。

▲雄鳥繁殖羽背面黑色較多。

| 特徵 |

- 虹膜暗褐色。嘴黑色。腳灰色至黃褐色。
- 繁殖羽雄鳥背面黑色，夾雜金黃色及白色斑點，頰、喉至腹黑色。自額至眉線、頸側、胸側、脇至尾下覆羽有白色縱帶。雌鳥大致似雄鳥，但臉頰褐色較濃，胸腹有較淡的條紋或斑塊。
- 非繁殖羽眉線白色，頰、喉至胸淡黃褐色，腹汙白色，胸、腹有不明顯褐色斑點。
- 幼鳥似成鳥非繁殖羽，但全身黃褐色濃，胸、脇有暗色縱紋。
- 飛行時飛羽黑褐色，翼帶不明顯。

| 生態 |

繁殖於亞洲大陸北部、阿拉斯加西部，越冬於東非、印度、東南亞至太平洋島嶼、澳洲及紐西蘭。8月至翌年5月單獨或小至大群出現於沙洲、沼澤、農田及空曠草地，飛行時有編隊行為。非繁殖羽保護色絕佳，成群在翻耕後的稻田上休息，狀如小土堆，不易發現。覓食動作從容緩慢，以軟體動物、昆蟲、植物種籽、嫩芽為食。

▲非繁殖羽背面有金黃色羽緣及白斑。

▲幼鳥胸、脇有暗色縱紋。

▲雌鳥繁殖羽背面多黃褐色，頰褐色較濃。

▲非繁殖羽。

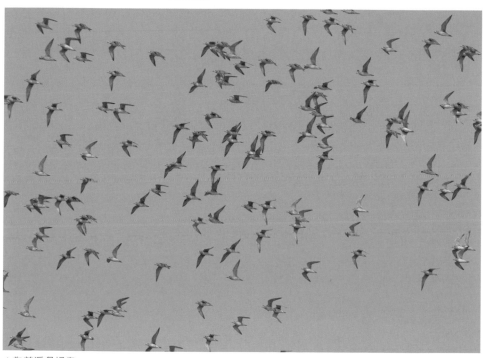

▲為普遍冬候鳥。

▲非繁殖羽眉線白色，頰、喉至胸淡黃褐色。

▲飛行時有編隊行為。

小辮鴴 / 鳳頭麥雞 *Vanellus vanellus*

L28~31cm.WS82~87cm

屬名：麥雞屬　　英名：Northern Lapwing　　生息狀況：冬 / 不普，過 / 稀（金、馬）

▲雄鳥繁殖羽，喉至上胸黑色。

| 特徵 |

• 虹膜暗褐色。嘴黑色。腳暗紅色。

• 繁殖羽雄鳥頭上黑色，後頭有黑色辮狀長冠羽，後頸褐色。臉汙白色，眼下有黑斑，背面覆羽銅綠色，略帶紅褐，肩羽先端紫色，飛羽藍黑色，均具金屬光澤。喉、前頸至上胸黑色，腹部白色，尾上及尾下覆羽橙褐色。雌鳥冠羽較短，喉、前頸有白斑。

• 非繁殖羽似繁殖羽，但臉部略帶橙褐色，喉、前頸白色。有些個體翼上覆羽有淡褐色羽緣。

• 幼鳥似成鳥非繁殖羽，冠羽較短，背面遍布淡色羽緣。

• 飛行時翼寬廣，飛羽黑色，翼尖白色，翼下黑色與白色分明。尾羽白色，中央末端黑色，腳不伸出尾羽。

| 生態 |

臺灣鴴科中唯一具長辮子的水鳥，繁殖於歐亞大陸北部，越冬於南歐、北非、中東、印度北部、中國華中、臺灣及日本等地。10月至翌年 4 月出現於開闊溼地、耕地、水田或草原，喜群聚，因鳴聲似貓叫，鄉土稱之為「田貓仔」。雜食性，以昆蟲、軟體動物及草籽等為食，覓食時動作優雅，性機警，常抬頭警戒。集體飛行時隊形不規則，鼓翼緩慢。

▲非繁殖羽，臉部略帶橙褐色。

▲飛行時翼寬廣，雌鳥繁殖羽。

▲雌鳥繁殖羽，喉黑色有白斑。

▲非繁殖羽，喉、前頸白色。

▲出現於開闊溼地、耕地、水田。

▶非繁殖羽，翼上覆羽有淡褐色羽緣。

171

跳鴴 / 灰頭麥雞 *Vanellus cinereus*

屬名：麥雞屬　　英名：Gray-headed Lapwing　　生息狀況：冬、過／稀

▲嘴、腳黃色醒目。

| 特徵 |

- 雌雄同色。虹膜紅色。嘴黃色，先端黑色。腳黃色略長。
- 繁殖羽頭、頸灰色，背部茶褐色。上胸淡褐色，下胸有黑色橫帶，腹以下白色。非繁殖羽下胸黑色橫帶較模糊。
- 飛行時初級飛羽黑色，翼下覆羽白色，對比明顯。尾羽白色，末端有黑色橫帶，腳伸出尾羽外。
- 幼鳥似成鳥，但褐色較濃，無黑色胸帶。

▲繁殖羽下胸黑帶明顯，頭、頸灰色，背部茶褐色。

| 生態 |

繁殖於中國東北、日本，冬季南遷至印度東北部、中國南部、中南半島及印度洋島嶼。10月至翌年4月單獨或小群出現於開闊草原、農耕地及沼澤地帶，尤喜翻耕之農田，以昆蟲、螺、軟體動物為食。遇干擾時，會驚飛於空中盤旋，邊飛邊叫。

▲非繁殖羽頭、頸偏褐色，下胸黑色橫帶較模糊。

鴴科

172

▲飛行時初級飛羽黑色。

▲尾羽白色，末端有黑橫帶。

▲以昆蟲、螺、軟體動物為食。

▲出現於草原、農耕地及沼澤地帶。

蒙古鴴 *Charadrius mongolus*

L18~21cm.WS45~58cm

屬名：鴴屬　　英名：Lesser Sand-Plover　　別名：蒙古沙鴴　　生息狀況：冬／不普，過／普

> **相似種**
>
> **鐵嘴鴴、東方環頸鴴**
> • 鐵嘴鴴體型略大，嘴、腳較長，胸帶較窄，腳黃褐色。
> • 東方環頸鴴體型略小，嘴較細，非繁殖羽無灰褐色胸帶，具白色後頸環。

▲雄鳥繁殖羽，頸側至胸橙紅色。

| 特徵 |

• 虹膜暗褐色。嘴短，約與眼先等長，黑色。腳色多變，黑褐至淡黃褐色。
• 出現於臺灣者，為堪察加亞種 *stegmanni*，繁殖羽雄鳥額白色，上緣有黑斑。黑色寬過眼線延伸至耳羽，頭頂至後頭、背面灰褐色。喉、前頸白色，頸側至胸橙紅色，形成寬胸帶，上緣有黑色細邊，有些個體橙紅色延伸至脇，腹以下白色。雌鳥頭部黑色及胸部橙紅色部分較雄鳥淡，胸帶上緣無黑色細邊。西藏亞種 *atrifrons* 額全黑，少見。
• 非繁殖羽黑色及橙紅色轉為灰褐色，額與眉線白色。幼鳥似成鳥非繁殖羽，但背面有淡色羽緣。
• 飛行時翼帶白色，腳不伸出尾羽，約與尾羽等長。

| 生態 |

繁殖於中亞至東北亞，越冬於非洲沿海、印度、東南亞及澳洲，成小群出現於潮間帶、河口沙洲、沼澤等泥灘地，偶有大群出現，常混於鐵嘴鴴及其他鷸科鳥群中，成零散的小群活動，於泥灘上覓食，視覺敏銳，動作迅速，以忽走忽停、快速奔跑的方式追逐地面的昆蟲、小蟹及軟體動物為食。

▲雌鳥繁殖羽，黑色及橙紅色部分較淡。

▲飛行時腳約與尾羽等長。

▲飛行時翼帶白色。

▲非繁殖羽，過眼線及胸帶灰褐色。

▲西藏亞種 *atrifrons* 額全黑。

鐵嘴鴴 *Charadrius leschenaultii*

L20~25cm.WS44~60cm

屬名：鴴屬　　英名：Greater Sand-Plover　　別名：鐵嘴沙鴴　　生息狀況：冬/不普，過/普

相似種

蒙古鴴、東方環頸鴴
- 蒙古鴴體型略小，嘴、腳較短，胸帶較寬。
- 東方環頸鴴體型略小，嘴較細，非繁殖羽無灰褐色胸帶，具白色後頸環。

▲雄鳥繁殖羽，頸側至胸橙紅色。

| 特徵 |
- 虹膜暗褐色。嘴長，約為眼先 1.5~2 倍，黑色。腳黃褐色。
- 出現於臺灣者為指名亞種 *leschenaultii*，繁殖羽雄鳥額白色，上緣有黑斑。黑色寬過眼線延伸至耳羽，頭上至後頸紅褐色，背面灰褐色。喉、前頸白色，頸側至胸橙紅色，形成胸帶，部分個體上緣有黑色細邊，腹以下白色。雌鳥似雄鳥，但臉部少黑色，胸部橙紅色較淡。
- 非繁殖羽黑色及橙紅色轉為灰褐色，額與眉線白色。
- 幼鳥大致似成鳥非繁殖羽，但羽色較淡，背面有淡色羽緣。

| 生態 |
繁殖於中東、中亞至蒙古，越冬於非洲沿海、印度、東南亞及澳洲。成小群出現於潮間帶、河口、沙洲、沼澤等泥灘地，偶有大群出現。常混於蒙古鴴群中，喜於潮間帶泥灘或沙灘覓食，不停地奔跑，會以腳踩踏嚇出獵物，以昆蟲、小蟹及軟體動物為食。

▲雌鳥繁殖羽，臉部少黑色，胸橙紅色較淡。

◀幼鳥羽色較淡，
背面有淡色羽緣。

▲喜於潮間帶泥灘或沙灘覓食。

▲飛行時白色翼帶明顯，腳超出尾羽。

▲雌鳥繁殖羽。

▲雄鳥繁殖羽。

東方環頸鴴 *Charadrius alexandrinus*

L15~17.5cm.WS42~45cm

屬名：鴴屬　　英名：Kentish Plover　　別名：白領鴴、環頸鴴　　生息狀況：留 / 不普，冬 / 普

鴴科

相似種

蒙古鴴、小環頸鴴、劍鴴

• 蒙古鴴體型略大，無白色後頸環。
• 小環頸鴴眼圈金黃色，黑色胸帶相連，腳黃色。
• 劍鴴黑色胸帶相連，腳淡黃色或粉紅色。

▲雄鳥繁殖羽，頭頂至後頭紅褐色或灰褐色。

| 特徵 |

• 虹膜黑色。嘴黑色。腳粉色至灰黑色。
• 繁殖羽雄鳥額、眉線白色相連，額上緣有黑斑，過眼線黑色。頭頂至後頭紅褐色
　或灰褐色，白色後頸環明顯，背灰褐色。胸側具黑色帶斑，於前頸中斷呈缺口，亦有黑帶相連
　個體。喉、腹面白色。雌鳥頭上、過眼線、胸側帶斑灰褐色，其餘部分似雄鳥。
• 非繁殖羽似雌鳥繁殖羽，體羽較灰。幼鳥大致似雌鳥，但背面有淡色羽緣。
• 飛行時翼帶白色。

| 生態 |

分布於東亞、南亞及非洲，多候鳥 10 月至翌年 4 月成群出現於河口、沙洲、沼澤、魚塭、水田
等地，少部分為留鳥。常結群或與其他鴴科
混群活動，以昆蟲、蠕蟲、軟體動物為食，
性不畏人，於灘地上奔跑快速，行為模式為
小跑一段、停止、啄食。留鳥族群於 3～7
月利用海岸砂礫地繁殖，巢築於地面淺凹處，
蛋殼顏色與周遭卵石相近，具良好保護色。
繁殖期抱卵或育雛時，遇有天敵接近，親鳥
會表現「擬傷」行為，以引開入侵者。

▲雄鳥繁殖羽，胸側具黑色帶斑，於前頸中斷呈缺
口。

▲雄鳥繁殖羽，胸口黑帶相連個體。

▲雌鳥，頭上、過眼線、胸側帶斑灰褐色。

▲幼鳥，背面有淡色羽緣。

▲雄鳥非繁殖羽，體羽較灰。

▲出現於河口、沙洲、水田等地帶，非繁殖羽。

▲雛鳥為早成性。

▶飛行時翼帶及後頸環白色明顯。

白臉鴴 *Charadrius dealbatus*

屬名：鴴屬　　英名：White-faced Plover　　生息狀況：留／稀（金門）

鴴科

▲雄鳥繁殖羽前額、眼先、眼眶及眉線全白，洪廷維攝。

| 特徵 |

• 虹膜黑色。嘴黑色。腳淡粉色至灰色。
• 繁殖羽雄鳥前額、眼先、眼眶及眉線全白，
　額上緣有黑斑，頭頂至後頭紅褐色，白色
　後頸環明顯，背灰褐色。胸側具黑色帶斑，
　於前頸中斷呈缺口。喉、腹面白色。雌鳥
　似雄鳥，但額上緣無黑斑，頭頂紅褐色較
　淺，過眼線及胸側帶斑灰褐色。
• 非繁殖羽似雌鳥，但體羽較灰。幼鳥大致
　似雌鳥，但背面有淡色羽緣。
• 飛行時翼帶白色。

▲非繁殖羽似雌鳥，但體羽較灰，洪廷維攝。

| 生態 |

繁殖範圍不確定，據推測主要於中國東南
部、福建南部等，臺灣金門亦有繁殖，越冬
至越南、泰國、馬來半島及蘇門答臘。棲息
於沿海沙地、泥灘及鹽田，以螃蟹、昆蟲、
蠕蟲及軟體動物為食，常於潮汐邊緣灘地不
停地奔跑、啄食。本種原為東方環頸鴴之亞
種，現已獨立為種，為金門稀有留鳥。

▲幼鳥背面有淡色羽緣，洪廷維攝。

環頸鴴 / 北環頸鴴 *Charadrius hiaticula*

屬名:鴴屬　　英名:Common Ringed Plover　　別名:劍鴴　　生息狀況:冬、過 / 稀

相似種

小環頸鴴
- 體型較小，眼有金眶。
- 嘴先端較細，僅下嘴基黃色。
- 黑色胸帶較窄，飛行時翼上無白色翼帶。

▲繁殖羽嘴橘黃色，嘴先黑色。

| 特徵 |
- 雌雄同色。虹膜黑色。嘴短小，前段黑色，後段橘黃色。腳橘黃色。
- 繁殖羽額白色，額上黑帶與黑色過眼線相連，眼上方白色。喉及頸環白色，頸環下有黑色胸帶，環繞至上背。後頭、背灰褐色，腹以下白色。中央尾羽具黑褐色次端帶，末端白色；外側尾羽白色。
- 非繁殖羽頭、臉及胸部黑色部分變淡，嘴基橘黃色變窄。
- 飛行時翼上具明顯白色翼帶。

| 生態 |
繁殖於歐亞大陸北部苔原帶、加拿大及格陵蘭，度冬於南歐、非洲及中東地區，少數會漂移到東亞地區。臺灣偶見於海岸、河口、溼地及水田，於地面漫步撿取昆蟲、蠕蟲、甲殼類、軟體動物為食。

▲偶見於溼地及水田，繁殖羽。

▲非繁殖羽，胸帶常不完整。

▲覓食時動作優雅，取食甲殼類、蠕蟲、昆蟲等。

▶非繁殖羽，耳羽及胸帶轉為黑褐色。

◀非繁殖羽嘴轉黑色，僅下嘴基橘黃色。

劍鴴 / 長嘴鴴 *Charadrius placidus*

屬名:鴴屬　　英名:Long-billed Plover　　別名:長嘴劍鴴　　生息狀況:冬 / 稀

鴴科

▲外側尾羽末端白色,非繁殖羽。

| 特徵 |

- 雌雄同色。虹膜暗褐色,眼圈淡黃色。嘴黑色細長,嘴基薄。腳淡黃色或粉紅色。
- 繁殖羽額白色,上緣有黑帶。眼上方白色,過眼線黑褐色。喉及頸環白色,下方有黑色胸帶,環繞至上背。後頭、背灰褐色,腹以下白色。非繁殖羽羽色較淡。
- 停棲時尾長超過翼尖,飛行時有淡色翼帶。

| 生態 |

繁殖於東北亞、中國華東與華中,越冬於中國南部、中南半島北部等地。出現於河口、水田等泥灘溼地,喜隱伏於田埂休息。行動優雅不急促,攝取昆蟲、蠕蟲、甲殼類、軟體動物為食,北部貢寮地區有少數穩定度冬紀錄。

▲嘴長,嘴基薄,前額白色,上緣有黑帶,腳色淡。

相似種

小環頸鴴

- 體型較小,眼圈金黃色較明顯。
- 嘴較短,嘴基厚;飛行時翼上無翼帶。

▲單獨或小群出現於水田、泥灘等溼地。

183

◀白色頸環下有黑褐色胸帶，尾長明顯超過翼尖。

▶活動時優雅不急促。

▲幼鳥無黑色額斑，背面有淡色羽緣。

▲喜於田埂休息。

小環頸鴴 *Charadrius dubius*

L14~17cm.WS42~48cm

屬名：鴴屬　　英名：Little Ringed Plover　　別名：金眶鴴　　生息狀況：留 / 不普，冬 / 普

相似種

環頸鴴、劍鴴

- 環頸鴴體型較大，頭頂無白色橫紋，無金黃色眼圈；嘴先端較粗，基部橘黃色明顯，黑色胸帶較寬；飛行時翼上具白色翼帶。
- 劍鴴體型較大，頭頂無白色橫紋，嘴較長，嘴基薄，黑色胸帶較細；飛行時有淡色翼帶。

▲雄鳥繁殖羽，眼圈金黃色，耳羽黑色。

| 特徵 |

- 虹膜黑色，眼圈金黃色。嘴短，黑色，卜嘴基黃色。腳黃色。
- 繁殖羽雄鳥額白色，額上黑橫帶與黑色過眼線相連，上緣有白色橫紋，耳羽黑色。
  後頭、背面灰褐色。喉及頸環白色，頸環下有黑色胸帶，環繞至上背。腹以下白色。中央尾羽具黑褐色次端帶，末端白色；外側尾羽白色。雌鳥似雄鳥，但耳羽黑褐色。
- 非繁殖羽頭、臉及胸部黑色變淡，金黃色眼圈較不明顯。
- 幼鳥似成鳥非繁殖羽，但褐色較濃，頭上斑紋不明顯，過眼線、胸帶黑褐色，背面有淡色羽緣。

| 生態 |

分布於歐亞大陸、北非、東南亞至新幾內亞，冬候鳥 8 月至翌年 4 月單獨或成群出現於沙洲、河口、水田、沼澤、魚塭等泥灘，少數為留鳥。以昆蟲、蠕蟲、軟體動物為食，常結成小群活動，於溼地小跑步追逐獵物，或以單腳攪動淺水、泥灘中之生物再予啄食。留鳥族群多利用河床或河口砂礫地繁殖，繁殖期抱卵或育雛時，遇有天敵接近，親鳥會在地上「擬傷」，以引開入侵者。

▲小環頸鴴有留鳥族群。

185

▲雌鳥繁殖羽，耳羽黑褐色。

◀非繁殖羽，頭、臉及胸部黑色變淡。

▶幼鳥背面具淡褐色羽緣。

▲飛行時翼色單調，無
白翼帶。

▶非繁殖羽。

◀以昆蟲、蠕蟲、軟
體動物為食。

東方紅胸鴴 *Charadrius veredus*

L22~25cm.WS46~53cm

屬名：鴴屬　　英名：Oriental Plover　　別名：紅胸鴴、東方鴴　　生息狀況：過／稀

相似種

蒙古鴴、鐵嘴鴴
- 皆有明顯之黑色過眼線，下胸無黑色橫帶。
- 頸側、後頸皆為紅褐色，胸帶較窄，腳亦短。

▲雄鳥繁殖羽具黑色胸帶。

| 特徵 |
- 虹膜暗褐色。嘴細，黑色。腳長，黃色至偏粉色。
- 繁殖羽雄鳥額黃白色，頭頂、背面灰褐色，臉至後頸白色，耳羽淡紅褐色，頭部羽色多變。喉白色，胸橙紅色，下緣有黑色橫帶，腹以下白色。雌鳥胸部橙紅色較淡，下緣無黑色橫帶。
- 非繁殖羽額、眉線、喉白色，頰淡褐色，胸淡灰褐色，無黑色橫帶。
- 幼鳥似成鳥非繁殖羽，但背面有較明顯淡紅褐色羽緣。
- 飛行時翼帶淡色。

| 生態 |
繁殖於蒙古及中國北方，越冬於馬來西亞、印尼群島及澳洲，單獨或小群出現於海岸附近之空曠草地、旱田及溼地，行走快速，警戒心強，常抬頭張望。以昆蟲、軟體動物及種籽為食，9月秋過境及3、4月春過境紀錄較多。

▲雌鳥頭上較暗，臉、胸褐色，無黑色胸帶。

▲ 非繁殖羽有白眉線，
胸帶不明顯或無。

▶ 幼鳥背面有淡
紅褐色羽緣。

◀ 雄鳥越成熟頭
越白。

▲警戒心強，常抬頭張望，雌鳥。

◀出現於海岸溼地、旱田及草地。

▶幼鳥淡紅褐色羽緣明顯。

彩鷸科
Rostratulidae

分布於歐洲、亞洲、非洲與澳洲，主要為留鳥，臺灣1種。體型中等、圓胖、行動緩慢。雌鳥體型較雄鳥大且羽色鮮豔，主要棲息於平地水田、溼地、池畔中。採一妻多夫制，以枝葉、草莖為巢材，築巢於地面茂密的草澤植物間，由雄鳥負責孵蛋、育雛，雛鳥為早熟性，以水生昆蟲、螺、貝以及植物種籽等為食。通常在清晨或傍晚活動，性羞怯，受驚擾即沒入隱密處藏身。

彩鷸 *Rostratula benghalensis*

L23~28cm.WS50~55cm

屬名:彩鷸屬　　英名:Greater Painted-Snipe　　生息狀況:留 / 普

▲雌鳥體色較雄鳥鮮豔。

| 特徵 |

• 虹膜暗褐色。嘴粉橙色，長而先端稍下彎。腳黃褐色。
• 雄鳥眼周至眼後線黃白色，頭央線黃色。頭上、背部綠褐色，背具黑、白橫斑，中央兩側有黃色縱帶；翼、尾羽有黃褐色粗橫斑。頸至胸灰褐色，胸側有白色寬帶延伸至背與黃色縱帶連接，腹以下白色。尾短。
• 雌鳥較雄鳥略大，眼周至眼後線白色，頭央線黃色。頭上、背部暗橄綠色，背具暗色細橫紋，中央兩側有黃色縱帶，翼有白色縱斑。頰至上胸栗紅色，下胸黑褐色，胸側至背亦有白色寬帶，腹以下白色。
• 幼鳥大致似雄鳥，但白色眼周不明顯、嘴顏色較暗。

| 生態 |

分布於非洲、中國、日本、南亞、東南亞及澳洲。出現於水田、溼地、池畔草地等，性隱密，喜於晨昏活動，白天隱入草叢中。具領域性，常蹲低張翅威嚇入侵者，受驚擾時會隱伏不動。雜食性，以昆蟲、軟體動物、甲殼類及植物種籽等為食。覓食時以嘴伸入軟泥，或於淺水表層掃動探尋食物。採一妻多夫制，雌鳥與雄鳥交配產卵後，由體色較樸素之雄鳥負責孵蛋、育雛，雌鳥則另尋其他雄鳥配對。

▲雄鳥體色較樸素。

▲雄鳥負責育雛。

▲雄鳥低伏展翅威嚇入侵者。

▲雌鳥展翅。

▲雄鳥展翅。

水雉科
Jacanidae

分布於熱帶與亞熱帶地區之溼地，主要為留鳥，部分會遷徙，臺灣僅 1 種。雌雄同色，但雌鳥體型略大。翼寬長，前緣具翼突，作為打鬥使用；腳及趾、爪甚長，適合於浮水植物上行走。生活於寬闊的淡水溼地，如埤塘、湖泊、沼澤、菱角田等水域地帶，主要以水生昆蟲、螺類、蝌蚪或魚、蝦等為食，兼食植物嫩芽或種籽等。以水生植物為巢材，築巢於浮葉植物上，由雄鳥負責孵蛋、育雛，雛鳥為早成性。

水雉 *Hydrophasianus chirurgus*

II L31~58cm

屬名:水雉屬　　英名:Pheasant-tailed Jacana　　別名:菱角鳥　　生息狀況:留 / 不普，過 / 稀

▲雄鳥攜雛鳥覓食。

| 特徵 |
- 雌雄同色，雌鳥較雄鳥略大。虹膜暗褐色。嘴鉛灰色。腳灰綠色，趾爪甚長。
- 繁殖羽頭至頸部白色，後頸金黃色鑲黑邊。背部、胸以下黑褐色，翼白色，尾長。
- 非繁殖羽頭上至後頸黑褐色，兩側金黃色，黑色過眼線延伸至頸側於胸前成為橫帶。背面銅褐色，翼覆羽具橫斑，頰、喉、前頸及腹部白色，尾短。
- 飛行時翼白色，翼端黑色，腕部前緣有三角形尖狀翼突。
- 亞成鳥大致似成鳥非繁殖羽，但虹膜黃色，頭上紅褐色。

| 生態 |
分布於中國、印度、東南亞等地區。棲息於大型的埤塘、湖泊、沼澤、菱角田等水域地帶，留鳥多見於南部的菱角田及芡實田中，近來臺北關渡、宜蘭亦有繁殖紀錄。趾、爪甚長，能輕巧的在浮葉植物上行走，常成小群漫步於水生植物葉面上，間或做短距離飛行。以水生昆蟲、螺、蝌蚪或魚、蝦等為主食，兼食植物嫩芽或種籽等。一妻多夫制，繁殖時具領域性，雌鳥與雄鳥交配產卵後，由雄鳥負責孵蛋、育雛，雌鳥則另尋其他雄鳥配對繁殖。當抱蛋中的雄鳥感覺受到威脅，常會在附近另築新巢，並用嘴將蛋滾到新巢中。飄逸的細長尾羽與飛行時優雅輕盈的體態，博得「凌波仙子」的美譽。

▲飛行時優雅輕盈，有凌波仙子美譽。

▲亞成鳥虹膜黃色，頭上紅褐色。

▲成鳥非繁殖羽，頸側有黑色縱帶延伸至胸前。

▲棲息於大型的埤塘、沼澤、菱角田等水域地帶。

◀築巢於浮葉上，雄鳥整理巢位。

▲雌雄準備交尾，雌鳥（下）體型較雄鳥（上）稍大。

▲雄鳥負責孵蛋、育雛。

▲孵蛋期蹲伏為蛋遮陽擋雨。

▲飛行時長尾飄逸。

196

▲輕巧的在浮葉植物上行走。

▶後頸金黃色醒目。

◀雄鳥於巢位呼喚雌鳥。

鷸科
Scolopacidae

廣布世界各地，大部分繁殖於北半球，多為小至中型遷徙性涉水岸鳥，棲息於潮間帶、河口、沙洲、沼澤、水田、魚塭等灘地及淺水地帶，少數偏好草原或山區森林環境。大多雌雄同色，嘴型長短多樣，或直或彎曲，前端柔軟，具有感覺神經，利於灘地或水底以觸覺探索食物。覓食行為有靠視覺啄取，將嘴插入泥中憑觸覺探取或伸入水中追捕等方式。擅飛行，步行快速。以甲殼類、環節動物、小魚及昆蟲等為食。多採一夫一妻制，營巢於地面，雛鳥為早成性。

●鷸科與鷸科之差異：
鷸科與鷸科為臺灣冬季及春、秋過境期各種灘地、溼地數量最多最主要的候鳥，就外型特徵而言，鷸科體型通常較瘦長，嘴、腳亦較長；鷸科體態則較圓胖，嘴、腳較短。其型態差異表現在棲地利用與覓食行為上，鷸科主要以泥灘或水底下的底棲生物為食，因須涉水覓食，所以腳較長，嘴亦多細長，以觸覺來探索底棲生物，故覓食以淺水域、灘地為主。鷸科則以露出地表的生物為食，靠目視搜尋獵物後快步啄食之，故嘴多粗短，覓食以灘地地表為主。

中杓鷸 *Numenius phaeopus*

L40~46cm.WS76~89cm

屬名：杓鷸屬　　英名：Whimbrel　　生息狀況：冬/不普，過/普

相似種

小杓鷸
• 體型較小，嘴較短。
• 飛行時腰至尾羽淡黃褐色。

▲幼鳥背面淡色羽緣及點斑多，三級飛羽羽緣有三角形白斑。

| 特徵 |
• 虹膜暗褐色。嘴黑色，下嘴基肉色，嘴略長而下彎，約為頭長 2 倍，雌鳥嘴較長。腳藍灰色。
• 臺灣常見為 *variegatus* 亞種，成鳥頭央線、眉線乳白色，頭側線黑褐色。頭、頸、胸以下淡褐色，頸、胸有黑褐色縱紋。背面灰褐色，羽緣淡色。
• 幼鳥大致似成鳥，但背面淡色羽緣及點斑較多，三級飛羽羽緣有三角白斑。
• 飛行時下背、腰及尾下覆羽白色，翼下有黑褐色斑紋。尾羽淡褐色，有黑褐色橫斑。*hudsonicus* 亞種無白腰，臺灣少見。

| 生態 |

廣布歐、亞、非洲及美洲，東亞族群繁殖於西伯利亞東北，冬季南遷至南亞、東南亞及澳洲。8月至翌年5月單獨或小群出現於河口、潮間帶、沙洲、礁岩及沿海草原，採啄食方式邊走邊覓食，步伐大而緩慢。食物以甲殼類、環節動物、螺類、昆蟲等為主。

▲單獨或小群活動。

▲翼下有黑褐色斑紋。

▲嘴黑色、長而下彎，約為頭長2倍，成鳥。

▲ *variegatus* 亞種飛行時下背及腰白色。

▲出現於河口、潮間帶、礁岩及沿海草原。

小杓鷸 *Numenius minutus*

L28~34cm.WS68~71cm

屬名:杓鷸屬　　英名:Little Curlew　　生息狀況:過 / 不普

▲偏好乾燥、開闊的草地與耕地。

▲胸、脇有黑褐色縱紋。

▲以昆蟲、草籽為食。

▲嘴長略下彎,約為頭長 1.5 倍。

| 特徵 |
• 虹膜暗褐色。嘴黑褐色,下嘴基肉色,嘴長而略下彎,約為頭長 1.5 倍。腳灰褐色。
• 頭至頸部淡黃褐色,有黑色縱紋。頭央線、眉線乳白色、頭側線黑褐色。背面各羽有黑褐色軸斑,羽緣白色或淡黃褐色。胸、脇淡黃褐色,有黑褐色縱紋。喉及腹以下白色。
• 飛行時腰至尾羽淡黃褐色,尾羽有黑褐色橫斑。

| 生態 |
繁殖於西伯利亞東部苔原帶,冬季南遷至澳洲、新幾內亞,途經中國東部及臺灣。春、秋過境期單獨或小群出現於海岸附近之草原、旱田、農耕等地帶,喜乾燥、開闊的草地與耕地,啄取昆蟲、蜘蛛、草籽為食。

黦鷸 / 紅腰杓鷸 *Numenius madagascariensis*

屬名：杓鷸屬　　英名：Far Eastern Curlew　　生息狀況：冬 / 稀，過 / 不普

III　L53~66cm.WS97~110cm

> **相似種**
>
> **大杓鷸**
> • 飛行時腰至尾羽白色。
> • 翼下覆羽白色。

▲以昆蟲、甲殼類、軟體動物、小魚及兩棲類為食。

| 特徵 |

• 虹膜暗褐色。嘴黑色，卜嘴基粉紅色，嘴甚長而下彎，達頭長3倍以上。腳深灰色。
• 成鳥全身淡褐色，頭、頸、胸、脇有黑褐色縱紋，背面有黑褐色軸斑及白色羽緣。腰紅褐色，腰及尾羽有黑褐色橫紋，尾下覆羽淡褐色。
• 飛行時腰紅褐色，翼下密布黑褐色斑紋。

| 生態 |

繁殖於西伯利亞東部、蒙古東北及中國東北等，冬季南遷至東南亞、澳洲及紐西蘭。單獨或成對出現於河口、潮間帶、沙洲及海岸附近之沼澤、水田，有時與大杓鷸混群。性羞怯，以昆蟲、甲殼類、軟體動物、小魚及兩棲類為食。因數量少，名列全球「易危」鳥種。

▲腰至尾羽紅褐色有黑褐色橫紋。

▲幼鳥嘴稍短，背面淡色羽緣較明顯，三級飛羽羽緣有淡色三角形斑。

▲飛行時腰紅褐色，翼下密布黑褐色斑紋。

◀出現於河口、潮間帶、沙洲及海岸附近之沼澤、水田。

▶全身淡褐色，頭、頸、胸、脇有黑褐色縱紋。

大杓鷸 / 白腰杓鷸 *Numenius arquata*

III | L50~60cm.WS80~100cm

屬名：杓鷸屬　　英名：Eurasian Curlew　　生息狀況：冬 / 不普

相 似 種

鯿鷸
- 尾下覆羽淡褐色。
- 飛行時，腰至尾紅褐色，翼下密布黑褐色斑紋。

▲嘴甚長而下彎，達頭長 3 倍以上。

▲成群出現於河口潮間帶、沙洲及濱海溼地。

| 特徵 |
- 虹膜暗褐色。嘴黑褐色，下嘴基肉紅色，嘴甚長而下彎，達頭長 3 倍以上。腳青灰色。
- 成鳥頭、頸、胸及背面淡褐色，頭上至後頸有黑色縱紋，背面有黑褐色軸斑，頸、胸、脇有黑褐色細縱紋。腹以下白色。
- 飛行時腰至尾羽白色，尾羽有黑褐色橫紋，翼下覆羽白色。

| 生態 |
繁殖於西伯利亞西部及中部、蒙古北部、中國東北，越冬於非洲、中東、南亞、中國南部及東南亞。群聚性，9 月至翌年 5 月成群出現於河口潮間帶、沙洲及濱海溼地。西海岸如大肚溪口、彰濱海岸、嘉義鰲鼓、曾文溪口及金門每年皆有穩定度冬族群，其中彰濱海岸於 1995 年曾有 3000 隻度冬。夜間覓食，以甲殼類、軟體動物、蠕蟲、昆蟲、小魚為食，常以長嘴插入泥中，啄出蟹類後，甩落蟹腳再吞食。本種在臺灣的主要度冬地有開發威脅，名列全球「接近受脅」鳥種。

▲腰至尾羽白色，尾羽有黑褐色橫紋，翼下覆羽白色。

▲西海岸有穩定度冬族群。

▲以甲殼類、軟體動物、蠕蟲等為食。

▲本種主要度冬地面臨開發威脅。

斑尾鷸 *Limosa lapponica*

屬名:塍鷸屬　　英名:Bar-tailed Godwit　　別名:斑尾塍鷸　　生息狀況:冬/稀,過/不普

相似種

黑尾鷸、半蹼鷸

• 黑尾鷸嘴筆直,繁殖羽紅褐色僅至上胸;非繁殖羽背面羽色偏灰,飛行時翼下覆羽及翼帶白色,尾羽末端黑色。
• 半蹼鷸體型稍小,嘴黑色粗長,前端膨大。

▲出現於潮間帶、河口、沙洲、沼澤與水田,雄鳥繁殖羽。

| 特徵 |

• 虹膜暗褐色。嘴長略向上翹,先端黑,基部粉紅,雌鳥嘴較雄鳥稍長。腳略短,黑色或灰色。
• 繁殖羽雄鳥頭、頸、腹面紅褐色,頭上至後頸有黑色細縱紋。背面有黑色軸斑,羽緣白色或紅褐色;尾有黑白相間橫斑。雌鳥體型較大,體色較淡,似非繁殖羽。
• 非繁殖羽眉線白色,過眼線褐色。背面灰褐色,有黑色羽軸及淡色羽緣,頭上至頸有褐色細縱紋。頰至胸淡灰褐色,腹以下白色,脅有褐色斑點。
• 幼鳥似成鳥非繁殖羽,但背面白色斑點明顯,頰至胸褐色較濃。
• 飛行時腰至尾羽白色,翼下覆羽具斑紋,尾上覆羽及尾羽有黑褐色橫斑,腳伸出尾羽少許。

| 生態 |

繁殖於西伯利亞東北至阿拉斯加北部和西部苔原帶,冬季南遷中國東南沿海、東南亞、澳洲及紐西蘭。單獨或成小群出現於潮間帶、河口、沙洲、沼澤與水田地帶,於泥灘或淺水中覓食甲殼類、環節動物、昆蟲等,常將嘴插入泥中探取獵物。

▲雄鳥繁殖期嘴轉為全黑。

▲雄鳥繁殖羽頭、頸及腹面紅褐色。

▲雌鳥體型較大，體色較淡，嘴較長。

▲雄幼鳥嘴短，背面白斑明顯，三級飛羽羽緣有三角形白斑。

▲非繁殖羽眉線白色背面灰褐色，有黑色羽軸及淡色羽緣。

▲翼下覆羽白色，具黑褐色斑紋。

◀飛行時腰至尾羽白色，具黑褐色橫斑。

黑尾鷸 *Limosa limosa*

| 屬名:塍鷸屬 | 英名:Black-tailed Godwit | 別名:黑尾塍鷸 | 生息狀況:冬 / 稀,過 / 不普 |

相似種

斑尾鷸、半蹼鷸、長嘴半蹼鷸
- 斑尾鷸嘴向上翹,腳較短,腹面之紅褐色部分延伸至下腹,飛行時無白色翼帶,翼下覆羽具斑紋,尾羽末端非黑色。
- 半蹼鷸體型稍小,嘴黑色粗長,前端膨大。
- 長嘴半蹼鷸體型較小,嘴基、腳偏黃綠色。

▲雄鳥繁殖羽頭、頸、胸紅褐色。

| 特徵 |
- 虹膜暗褐色。嘴長筆直,粉紅色,先端黑色。腳長,灰綠色。
- *melanuroides* 東亞亞種繁殖羽雄鳥頭、頸、胸紅褐色,頭上至後頸有黑褐色細縱紋,眉線乳白色,過眼線黑色。背面灰褐色,有紅褐色及黑色斑。腹以下白色,腹、脇有黑褐色橫斑。雌鳥嘴較長,頸、胸紅褐色較淡,腹、脇黑褐色橫斑較細且疏。*bohaii* 渤海亞種嘴較長,嘴基較厚,也可能出現於臺灣。
- 非繁殖羽頭、頸、胸淡灰褐色,眉線白色,背面灰褐色,有暗色軸斑。腹以下白色。
- 幼鳥似成鳥非繁殖羽,但背部淡色羽緣之內側黑色,脇淡黃褐色。
- 飛行時飛羽基部白色形成翼帶,翼下覆羽及尾上覆羽白色,尾羽末端黑色,腳伸出尾羽。

| 生態 |
廣布於歐洲、亞洲、非洲及澳洲,東亞族群繁殖於中國東北、俄羅斯南部等地,冬季南遷至東南亞、澳洲。單獨或成小群出現於潮間帶、河口、沙洲、沼澤與水田地帶。喜於泥灘將嘴插入泥地中,探食甲殼類、環節動物、昆蟲等,群聚性強,不甚懼人。

▲出現於潮間帶、河口、沼澤與水田地帶。

鷸科

▶ 單 獨 或 小
群活動。

◀ 雄 鳥，轉 非
繁殖羽中。

▲翼帶及尾上覆羽白色，尾羽末端黑色。

▲幼鳥頭、頸偏黃褐色，背面淡色羽緣及暗色軸斑明顯。

▲飛行時腳伸出尾羽甚長，圖為幼鳥。

▲非繁殖羽體色偏灰褐。

▲雌鳥頸、胸紅褐色較淡。

翻石鷸 *Arenaria interpres*

屬名：翻石鷸屬　　英名：Ruddy Turnstone　　生息狀況：冬、過 / 普

L21~26cm.WS50~57cm

相似種

大濱鷸
- 體型較大，嘴、腳較長，腳灰綠色。
- 背面僅肩羽紅褐色。

▲雄鳥繁殖羽頭部白色、頭頂有黑色縱斑。

| 特徵 |

- 虹膜暗褐色。嘴黑色粗短，略向上翹。腳短，橙紅色。
- 繁殖羽雄鳥頭、喉、腹部白色，頭頂有黑色縱斑，自額、眼、頰至下嘴基有 U 形黑斑，頸側、胸及胸側黑色。背部紅褐色，有黑、白色斑。雌鳥大致似雄鳥，但頭部為褐色，背部羽色較暗。
- 非繁殖羽頭、頸及胸黑色部分及背面紅褐色部分轉為黑褐色。
- 幼鳥似成鳥非繁殖羽，但背面有白色及淡褐色羽緣。
- 飛行時背面具醒目的黑、白、紅褐色相間之圖案。

| 生態 |

廣布全球，繁殖於北歐至西伯利亞北部、阿拉斯加西部、加拿大東北及格陵蘭，東亞族群越冬於南亞、東南亞、澳洲及紐西蘭。成群出現於潮間帶、海岸礁岩、沼澤等地帶，行走迅速，覓食時，以上翹之嘴頂翻小石或插入泥沼取食甲殼類、軟體動物、蜘蛛、蠕蟲和昆蟲等。

▲雌鳥繁殖羽頭部褐色。

鷸科

▲幼鳥背面有白色及淡褐色羽緣。

▲出現於潮間帶、海岸礁岩、沼澤等地帶。

▲成鳥非繁殖羽頭、頸及胸黑色部分轉為黑褐色。

▲飛行時白色翼帶明顯。

▲飛行時背面具醒目黑、白、紅褐相間圖案。

大濱鷸 *Calidris tenuirostris*

屬名：濱鷸屬　　英名：Great Knot　　別名：姥鷸、細嘴濱鷸　　生息狀況：冬／稀，過／不普

III　L26~28cm.WS55~66cm

相似種

紅腹濱鷸
- 繁殖羽頰至胸、脇磚紅色。
- 非繁殖羽及幼鳥之羽色較灰，羽緣明顯，幼鳥羽緣內側有黑色細紋。

▲成群出現於潮間帶、沼澤、鹽田等地帶。

| 特徵 |
- 虹膜暗褐色。嘴黑色，先端微下彎。腳灰綠至黃褐色。
- 繁殖羽頭、頸灰色，有黑色細縱紋。背面黑褐色，有黑色軸斑及白色羽緣，肩羽紅褐色。腹面白色，胸部密布黑色鱗狀斑點，脇有黑色縱斑。
- 非繁殖羽背面灰褐色，有暗色軸斑及白色羽緣。腹面白色，頰至胸、脇有黑褐色細縱紋。
- 飛行時翼上具狹窄白色翼帶，尾上覆羽白色，尾羽灰色。
- 幼鳥似成鳥非繁殖羽，但羽色較暗。

▲成鳥繁殖羽，肩羽紅褐色，胸部密布黑色鱗狀斑點。

| 生態 |
繁殖於西伯利亞東北，越冬於中南半島、南洋群島及澳洲。3、4月春過境時數量最多，成群出現於河口、潮間帶、沼澤、鹽田等地帶，不甚懼人，遇干擾僅飛至稍遠處停棲。於泥灘地覓食，常將嘴插入泥中，不停地探取貝類、甲殼類、蠕蟲等為食。

▲於泥灘地探取貝類、甲殼類、蠕蟲等為食。

鷸科

212

▲飛行時腰、翼帶、尾
上覆羽白色。

▶非繁殖羽背面灰
褐色，有暗色軸斑
及白色羽緣。

◀胸部有黑色斑點，
脇有黑色縱斑。

紅腹濱鷸 *Calidris canutus*

屬名:濱鷸屬　　英名:Red Knot　　別名:漂鷸　　生息狀況:冬/稀,過/不普

相 似 種

大濱鷸
- 嘴較長,先端微下彎。
- 繁殖羽背面僅肩羽紅褐色,胸有黑褐色鱗狀斑點。
- 非繁殖羽背面灰褐色較濃。
- 幼鳥羽色較暗,羽緣內側無黑色細紋。

▲繁殖羽頭至胸、脇紅褐色。

| 特徵 |
- 虹膜暗褐色。嘴黑色厚直。腳短,黃綠色至灰黑色。
- 繁殖羽頭至胸、脇紅褐色,頭上至後頸有黑色細縱紋,背面黑褐色,有紅褐色及白色斑點。腹以下白色,脇、尾下覆羽有黑褐色斑點。
- 非繁殖羽背面灰褐色,有白色細羽緣。眉線、腹面白色,頰至胸、脇有灰褐色縱斑。
- 幼鳥似成鳥非繁殖羽,但背部白色羽緣內側有黑色細紋。
- 飛行時翼具狹窄的白色翼帶,腰及尾上覆羽白色,有暗色橫斑。

| 生態 |

繁殖於北極圈苔原帶,越冬於非洲、印度、澳洲、紐西蘭及美洲南部。4至5月春過境期間數量較多,單獨或成小群出現於河口、潮間帶、沼澤地帶,少出現於淡水環境。喜混於大濱鷸群中,常將嘴插入泥中,邊走邊攝取螺貝、蝦蟹、昆蟲等為食。

▲單獨或小群出現於河口、潮間帶。

▶攝取螺貝、昆
蟲等為食。

▲飛行時具狹窄白色翼帶，腰及尾上覆羽白色，有
暗色橫斑。

▲非繁殖羽，仍殘留些許繁殖羽色。

▲喜與大濱鷸混群。

流蘇鷸 *Calidris pugnax*

L♂26~32cm♀20~25cm.WS♂54~58cm♀48~52cm

屬名：濱鷸屬　　英名：Ruff　　生息狀況：冬／稀

216

相似種

黃胸鷸、尖尾濱鷸

- 與本種非繁殖羽及幼鳥相較，黃胸鷸體型小而圓胖，嘴較短，體色偏皮黃，腳色較鮮明。
- 尖尾濱鷸體型較小，頭上栗紅色，頸、胸紅褐色。

▲雄鳥繁殖羽，李泰花攝。

| 特徵 |

- 虹膜暗褐色。雄鳥繁殖羽嘴、腳顏色多變，有黑褐、粉紅、橙、黃、褐色不等。雌鳥及幼鳥嘴黑褐色，腳黃綠或黃褐色。
- 繁殖羽：雄鳥羽色多變，後頭及頸、胸有流蘇狀蓬鬆長飾羽，有黑、白、棕黃、紅褐、紫藍色等各種顏色或斑紋；背部亦有不同顏色之軸斑、橫斑及羽緣。胸以下白色，胸側有黑或褐色粗斑。雌鳥體型較小，無長飾羽，頭上至後頸淡褐色，有黑色細縱紋。背面灰褐色，有黑褐色軸斑，黃褐及白色羽緣。頰至胸、脇淡褐色，有黑色橫斑，腹以下白色。
- 非繁殖羽雌雄同色，似雌鳥繁殖羽，但羽色較淡，胸、脇斑紋不明顯。
- 幼鳥黃褐味濃，頰、頸側、胸側淡黃褐色，背面具黑色軸斑及淡黃褐色羽緣，腹面白色。
- 飛行時翼帶及尾羽基部外側白色。

| 生態 |

繁殖於歐亞大陸北部苔原帶，雄鳥誇張之繁殖羽用於群集展示（lekking），僅出現於繁殖地，冬季遷移至西歐、南歐、非洲及南亞，9月至翌年4月單獨或小群出現於河口、沼澤及收割後之稻田，動作優雅，於軟泥間以嘴探索昆蟲、魚蝦、螺貝、蠕蟲、種籽等為食。

▲雄鳥繁殖羽，李泰花攝。

▲雄鳥繁殖羽，李泰花攝。

▲雄鳥繁殖羽，李泰花攝。

▲雄鳥繁殖羽，李泰花攝。

▲雄鳥繁殖羽，李泰花攝。

▲雄鳥繁殖羽，李泰花攝。

▲雄鳥繁殖羽，李泰花攝。

◀雌鳥繁殖羽，
李泰花攝。

▲雄鳥轉繁殖羽中。

▲雄鳥轉繁殖羽中。

▲雌鳥轉繁殖羽中，體型較雄鳥小。

◀雄鳥轉繁殖羽中。

▲幼鳥黃褐味濃，背面具黑色軸斑及淡色羽緣。

▲成鳥非繁殖羽。

▲體型大者為雄鳥。

▶幼鳥黃褐味濃，
背面具黑色軸斑及
淡色羽緣。

◀飛行時翼帶及尾羽
基部外側白色。

寬嘴鷸 / 闊嘴鷸 *Calidris falcinellus*

屬名:濱鷸屬　　英名:Broad-billed Sandpiper　　生息狀況:過 / 不普

鷸科

相似種

黑腹濱鷸
• 體型較大，嘴下彎較平順。
• 無白色頭側線，繁殖羽腹中央黑色。

▲單獨出現於沙洲、沼澤、水田地帶。

| 特徵 |

• 虹膜暗褐色。嘴黑色，略寬長，先端略拱起再下彎。腳綠褐色。
• 繁殖羽頭上暗褐色，頭側線及眉線白色，形如西瓜皮紋。背部紅褐色，有黑褐色軸斑及白色羽緣。頰紅褐色，胸淡褐色，有褐色縱斑，腹以下白色，脇有不明顯之褐色斑。
• 非繁殖羽背面灰褐色，羽緣白色。白色頭側線及眉線較不明顯，腹面白色，頰至胸有褐色縱斑。
• 幼鳥似成鳥繁殖羽，但頭及背面羽緣淡紅褐色。
• 飛行時背部白色羽緣呈 V 字形，腰及尾的中央部位黑而兩側白。

| 生態 |

繁殖於北歐及西伯利亞北部，東亞族群越冬於中南半島、南洋群島至澳洲。單獨出現於沙洲、沼澤、水田地帶，常混於濱鷸群中。性孤僻，遇干擾即蹲伏，覓食時嘴垂直向下探入泥水中，以昆蟲、螺貝、蠕蟲等為食。

▲繁殖羽背部紅褐色，有黑褐色軸斑與白色羽緣。

▶常混於濱鷸群中。

▲於泥灘地探取昆蟲、螺貝、蠕蟲等為食。

▲頭側線及眉線白色，形如西瓜皮紋。

▲偶成小群活動。

▲轉繁殖羽中。

尖尾濱鷸 *Calidris acuminata*

L17~22cm.WS36~43cm

屬名:濱鷸屬   英名:Sharp-tailed Sandpiper   別名:尖尾鷸   生息狀況:過 / 普

鷸科

相 似 種

美洲尖尾濱鷸、長趾濱鷸

• 美洲尖尾濱鷸嘴較長,先端略下彎,
  嘴基黃色範圍大,非繁殖羽、繁殖羽
  胸部均密布細縱紋,胸、腹界限分明。
• 長趾濱鷸體型較小而纖細,繁殖羽頭
  上紅褐色不如尖尾濱鷸濃豔。

▲繁殖羽頭上赤褐色,頰至胸紅褐色。

| 特徵 |

• 虹膜暗褐色,眼圈白色。嘴黑色,嘴基較
  淡。腳黃色至黃綠色。
• 繁殖羽頭上赤褐色,有黑色細縱紋,眉線
  白色。背面黑褐色,有紅褐色及白色羽緣,
  頰至胸淡紅褐色,有黑色點斑及 V 形斑延
  伸至脇,腹以下白色。
• 非繁殖羽似繁殖羽,但嘴基黑色,全身羽
  色較淡,偏灰褐色,頰至胸、脇縱斑較稀
  疏。
• 幼鳥似成鳥繁殖羽,但白色眉線及背面淡
  褐色羽緣明顯;胸淡褐色,有黑褐色細縱
  紋,腳色通常較成鳥鮮黃。

▲成小群活動。

| 生態 |

繁殖於西伯利亞北部苔原帶,冬季遷徙至新
幾內亞、澳洲及紐西蘭。通常成小群出現於
泥灘、沼澤、水田等淺水地帶,常與其他涉
禽混群,攝取螺貝、昆蟲、蝦蟹、藻類及種
籽等為食。

▲飛行時白翼帶細,腰至尾羽中央黑色,兩側白色。

▲非繁殖羽羽色較淡，轉繁殖羽中。　　　　　▲活動時常騰空拍翅。

高蹺濱鷸 *Calidris himantopus*

L20~23cm.WS43~47cm

屬名：濱鷸屬　　英名：Stilt Sandpiper　　別名：高蹺鷸　　生息狀況：迷

相似種

彎嘴濱鷸
- 非繁殖羽腳黑色，較短。
- 嘴較下彎。

▲繁殖羽頭上、眼先及耳羽紅褐色，游荻平攝。

| 特徵 |
- 虹膜暗褐色。嘴黑色，長而微下彎。腳甚長，黃色。
- 繁殖羽頭上、眼先及耳羽紅褐色，眉線白色。背面黑褐色，有淡色羽緣。腹面白色，頸有黑褐色縱斑，胸以下密布黑褐色橫紋。
- 非繁殖羽背面灰褐色，眉線白色。腹面白色，有灰褐色縱斑。
- 飛行時腰下部及尾上白色，腳伸出尾後。

| 生態 |
繁殖於阿拉斯加及加拿大北部，越冬於南美洲，臺灣僅 1987 年臺北關渡一筆紀錄。出現於海岸、河口溼地，常與其他鷸種混群，喜於水深及腹的水域探頭入水覓食，攝取螺貝、昆蟲及種籽等。

223

彎嘴濱鷸 *Calidris ferruginea*

L18~23cm.WS38~46cm

屬名:濱鷸屬　　英名:Curlew Sandpiper　　別名:滸鷸　　生息狀況:過 / 普，冬 / 稀

相似種

黑腹濱鷸
•嘴、腳較短，嘴彎曲輻度較小。
•腰非白色。

▲繁殖羽，於泥灘探取螺貝、昆蟲、蝦蟹等為食。

| 特徵 |
• 虹膜暗褐色。嘴黑色，長而下彎。腳黑色。
• 繁殖羽全身大致暗紅褐色，頭上至後頸有黑色細縱紋。背部有黑、白色斑點，喉至上腹有白色細羽緣。下腹至尾下覆羽白色，有黑色斑點。
• 非繁殖羽背面灰褐色，羽緣白色，頰至胸淡黃褐色，有不明顯細縱紋。腹以下白色。
• 幼鳥似成鳥非繁殖羽，但頭至頸、上胸黃褐色較濃，淡色羽緣明顯。
• 飛行時翼帶、腰下部及尾上覆羽白色。

▲非繁殖羽，背面灰褐色，羽緣白色。

| 生態 |
繁殖於西伯利亞北部苔原帶，越冬於非洲、中東、印度、東南亞及澳洲，成群出現於河口、泥灘、沼澤、水田等地帶，常與其他濱鷸混群，飛行迅速，動作優雅，於泥灘探索、翻找食物，攝取螺貝、昆蟲、蝦蟹、沙蠶等為食。

▲幼鳥，頭至頸、上胸黃褐色較濃，淡色羽緣明顯。

鷸科

▲成鳥，轉繁殖羽中。

▲成鳥，轉非繁殖羽中。

▲飛行時翼帶及尾上覆羽白色。

▲成鳥，轉非繁殖羽中。

▶繁殖羽全身大致
暗紅褐色。

丹氏濱鷸 *Calidris temminckii*

L13~15cm. WS34~37cm

屬名：濱鷸屬　英名：Temminck's Stint　別名：丹氏穉鷸、烏腳濱鷸、青腳濱鷸

生息狀況：冬／稀，過／稀（金、馬）

鷸科

> **相似種**
>
> **紅胸濱鷸、小濱鷸、長趾濱鷸**
> - 紅胸濱鷸、小濱鷸腳黑色，頭、頸紅褐色。
> - 長趾濱鷸頸及腳皆長，站姿較挺，繁殖羽背面赤褐色，非繁殖羽褐色較濃。

▲繁殖羽背面灰褐色，有黑褐色軸斑及黃褐色羽緣。

| 特徵 |

- 虹膜暗褐色，眼圈白色。嘴黑色，下嘴基黃色。腳短，黃綠至黃褐色。
- 繁殖羽背面灰褐色，頭上至後頸有黑褐色縱斑，背面有黑褐色軸斑及黃褐色羽緣。頰至上胸灰褐色，有黑褐色縱斑，胸以下白色。
- 非繁殖羽背面、頰至上胸為一致的灰褐色，背有黑色細羽軸，腹以下白色。
- 幼鳥似成鳥非繁殖羽，但背部有淡色羽緣。
- 飛行時翼帶及外側尾羽白色。

| 生態 |

廣布於歐洲、亞洲及非洲，繁殖於北歐至西伯利亞北部苔原帶，越冬於非洲、南亞、中國南部、中南半島與南洋群島，單獨或成小群出現於沼澤、水田等地帶，攝取螺貝、蝦蟹及昆蟲等為食。

▲繁殖羽頭上至後頸有黑褐色縱斑。

▶非繁殖羽，背面、頰至上胸為一致的灰褐色。

226

◀一齡冬羽，背面灰褐色，有淡色羽緣。

▲腳短，黃綠至黃褐色。

▲攝取螺貝、昆蟲為食。

▲單獨或小群出現於沼澤、水田等地帶。

長趾濱鷸 *Calidris subminuta*

L13~16cm.WS26~35cm

屬名：濱鷸屬　　英名：Long-toed Stint　　別名：雲雀鷸　　生息狀況：冬／不普

相似種

丹氏濱鷸、紅胸濱鷸
- 丹氏濱鷸頸短，體態矮壯，站姿水平，繁殖羽背面僅羽緣黃褐色，非繁殖羽體色較灰，背面羽軸很細。
- 紅胸濱鷸腳黑色，繁殖羽頭、喉至上胸紅褐色；非繁殖羽可由頸較短、體態較水平、前趾較短來區別。

▲繁殖羽，單獨或小群出現於水田、沼澤。

| 特徵 |
- 虹膜暗褐色。體型高䠷，頸長。嘴黑色略下彎，多數個體下嘴基黃色。腳及前三趾長，黃綠色。
- 繁殖羽背面紅褐色，頭上有黑色縱紋，眉線白色，雜有黑褐色斑紋。覆羽及三級飛羽有黑色軸斑及紅褐色羽緣。腹面白色，頸側、胸側有黑色縱紋。
- 非繁殖羽背面灰褐色，有黑色軸斑，頭上、頸側、胸側有黑色縱紋。
- 幼鳥似成鳥繁殖羽，但羽色較淡，白色肩羽明顯，中、小覆羽羽緣白色。
- 飛行時肩羽與背部交界處形成淡色 V 形，翼帶白色。

| 生態 |
繁殖於西伯利亞，越冬於印度、東南亞至澳洲，單獨或小群出現於水田、沼澤等溼地，少見於潮間帶。常混群於其他鷸群中，站姿較其他濱鷸挺直，攝取螺貝、昆蟲、蝦蟹及種籽等為食。

▲非繁殖羽，喉白色，頸、胸具暗色斑紋。

▲幼鳥背面黑色軸斑及白色羽緣明顯。

▶腰至尾羽中央黑色，
兩側白色。

▲非繁殖羽背面具黑色軸斑及淡色羽緣。

▲身形高䠷，前三趾特長。

▲幼鳥背部有白色 V 形帶狀紋。

琵嘴鷸 *Calidris pygmaea*

屬名:濱鷸屬　　英名:Spoon-billed Sandpiper　　別名:匙嘴鷸、勺嘴鷸　　生息狀況:過 / 稀

II　L14~16cm.WS32~38cm

▲繁殖羽頭、頸、胸及覆羽羽緣紅褐色。

| 特徵 |

- 虹膜暗褐色。嘴黑色扁平,前端呈匙狀。
  腳黑色。
- 繁殖羽似紅胸濱鷸,頭、頸、胸及覆羽羽
  緣紅褐色,但嘴形不同。
- 非繁殖羽額白色,背面灰褐色,羽軸黑褐
  色。腹面白色,胸側有褐色斑。
- 幼鳥似非繁殖羽,但背面黑色軸斑及淡色
  羽緣明顯,眉線白色,頰及胸側有褐色斑。

▲非繁殖羽額白色,背面灰褐色,羽軸黑褐色。

| 生態 |

繁殖於俄國東北海岸,越冬於南亞、中南半
島,遷移時偶爾過境臺灣。單獨出現於河
口、沙洲地帶,常混於紅胸濱鷸群中,不易
發現。覓食時以匙嘴在泥灘左右掃動,攝取
蠕蟲為食。由於棲地喪失與人為干擾,致族
群不斷下降,名列全球「極危」鳥種。

▲單獨出現於河口、沙洲等地帶。

鷸科

▲攝取蠕蟲為食。

◀嘴扁平，前端呈匙狀。

▲轉繁殖羽中。

▲族群稀少，名列全球「極危」鳥種。

▲幼鳥背面淡色羽緣明顯。

▲飛行時有白翼帶。

231

紅胸濱鷸 / 紅頸濱鷸 *Calidris ruficollis*

L13~16cm.WS29~33cm

屬名：濱鷸屬　　英名：Red-necked Stint　　別名：穉鷸　　生息狀況：冬 / 普

▲ 繁殖羽頭、喉、頸至上胸紅褐色。

| 特徵 |

• 虹膜暗褐色。嘴黑色，先端稍鈍。腳黑色。
• 繁殖羽頭、喉、頸至上胸紅褐色，頭上至後頸、頸側有黑褐色縱斑。背面有黑褐色軸斑及紅褐色斑，羽緣白色。下胸至尾下覆羽白色，胸側、下胸有黑褐色細斑。
• 非繁殖羽背面灰褐色，有黑褐色軸斑，腹面白色，頸側、胸側有不明顯褐色縱斑。
• 幼鳥似成鳥非繁殖羽，但背面淡褐色，有黑褐色軸斑及白色羽緣。
• 飛行時腰中央黑褐色，腰兩側及翼帶白色，尾羽褐色。

| 生態 |

繁殖於西伯利亞北部，越冬於東南亞至澳洲。出現於沿海沙灘、河口、水田、沼澤地帶，喜結大群活動，常與其他涉禽混群。性活潑，動作敏捷，常不停地啄食，於泥灘淺水間攝取螺貝、蝦蟹、沙蟲及昆蟲等為食。

▲ 飛行時翼帶白色，尾中央黑色，兩側白色。

▲成鳥轉非繁殖羽中。

▲出現於沿海沙灘、河口、水田、沼澤地帶。

▲非繁殖羽。

▲於泥灘淺水間攝食，繁殖羽。

▲紅胸濱鷸（左）與小濱鷸（右）比較圖。

◆紅胸濱鷸與小濱鷸辨識小撇步

特徵 鳥種	嘴型及長度	脛部長度	繁殖羽	非繁殖羽	體型輪廓
紅胸濱鷸	嘴短直，先端較鈍，嘴基顯得較厚	較短	頭、喉至上胸均為紅褐色	背部及覆羽羽色較淡，與暗色飛羽成明暗對比	相對於腳短，身體感覺較長
小濱鷸	嘴細長略下彎，先端較尖，嘴基顯得較薄	較長	喉白色，三級飛羽羽緣紅褐色	背面羽色較一致	相對於腳長，身體感覺較短

三趾濱鷸 *Calidris alba*

屬名:濱鷸屬　　英名:Sanderling　　別名:三趾鷸　　生息狀況:冬 / 不普

鷸科

相似種

紅胸濱鷸
- 具後趾,體型較小,羽色較淡。
- 非繁殖羽褐色較濃,無黑色翼角。

▲繁殖羽頭、頸、上胸及背面鏽紅色。

| 特徵 |

- 虹膜暗褐色。嘴黑色。腳短,黑色,無後趾。
- 繁殖羽頭、頸、上胸及背面鏽紅色,頭上有黑色縱斑,背面各羽軸斑黑色,羽緣白色,下胸以下白色。
- 非繁殖羽背面灰色,羽緣白色,翼角黑色,額、腹面白色。
- 幼鳥似成鳥非繁殖羽,但略帶褐色,背部有黑色軸斑。
- 飛行時翼帶白色。

▲腳黑色,無後趾。

| 生態 |

廣布全球,繁殖於北極圈苔原帶,東亞族群越冬於中國南部、中南半島、南洋群島、澳洲及紐西蘭。成群出現於濱海沙灘、河口、沙洲等沙灘地,少至泥地。常沿潮線奔跑,撿食海潮沖刷出來的小食物。以螺貝、蝦蟹、沙蠶及昆蟲等為食。

▲非繁殖羽背面灰色,羽緣白色。

▲常沿潮線奔跑覓食。

▲轉繁殖羽中。

▲幼鳥背部有醒目黑色軸斑及白色羽緣。

▲飛行時白色翼帶醒目。

▲腰至尾中央黑色，兩側白色，非繁殖羽。

▲攝取螺貝、蝦蟹、沙蠶及昆蟲等為食。

▲成鳥轉非繁殖羽中。

▲成鳥轉非繁殖羽中。

黑腹濱鷸 *Calidris alpina*

L16~22cm.WS33~40cm

屬名:濱鷸屬　　英名:Dunlin　　別名:濱鷸　　生息狀況:冬/普

相似種

寬嘴鷸、彎嘴濱鷸、西濱鷸

- 寬嘴鷸嘴較寬,僅先端向下彎,具白色頭側線。
- 彎嘴濱鷸嘴較長,下彎更明顯;腳亦較長,停棲時體態較挺拔。飛行時尾上覆羽白色,非繁殖羽黃褐色較濃。
- 西濱鷸體型較小,嘴較短,趾間有半蹼。

▲非繁殖羽背面灰褐色。

| 特徵 |

- 虹膜暗褐色。嘴黑色略長,前半部下彎。腳黑色。
- 繁殖羽頭上、背面紅褐色,頭上有黑色細縱紋,覆羽有黑色軸斑及白色羽緣。頰、頸至胸白色,有黑褐色細縱紋,腹部大片黑色區塊,下腹以下白色。
- 非繁殖羽背面灰褐色,腹面白色,胸側有灰褐色細縱紋。
- 幼鳥似成鳥非繁殖羽,但背面羽緣黃褐色,頰至胸略帶黃褐色,胸有黑色粗縱斑。
- 飛行時翼帶白色醒目。

| 生態 |

繁殖於北美洲及歐亞大陸北部苔原帶,越冬於北美洲中南部、非洲、中東、地中海沿岸、中國東南部及臺灣等地。10月至翌年3月成群出現於河口、沙洲、沼澤地帶,群聚性,會與東方環頸鴴混群。冬季常聚集數百至數千隻大群,飛行時在空中轉向動作一致,蔚為奇觀。步行快速,攝取螺貝、昆蟲、蝦蟹、沙蠶等為食,覓食時以嘴插入泥中以觸覺啄食,動作急促,在度冬區之覓食活動深受潮汐影響,以漲、退潮時較活躍。

▲繁殖羽腹部有大片黑色區塊。

▲轉繁殖羽中。

▲繁殖羽轉非繁殖羽中。

▲出現於河口、沙洲、沼澤地帶。

▲繁殖羽頭上、背面紅褐色，頭上有黑色細縱紋。

▲幼鳥褐味較濃，背面有淡色羽緣。

◀飛行時翼帶白色醒目。

小濱鷸 *Calidris minuta*

屬名:濱鷸屬　　英名:Little Stint　　生息狀況:冬、過 / 稀

相似種

紅胸濱鷸、丹氏濱鷸、長趾濱鷸

- 紅胸濱鷸嘴較短而鈍，腳脛部較短，繁殖羽頭、喉至上胸均為紅褐色。
- 丹氏濱鷸與長趾濱鷸腳黃綠色。

▲嘴較紅胸濱鷸細長而略下彎，脛部亦較長。

| 特徵 |

- 虹膜暗褐色。嘴黑色略長。腳黑色。
- 繁殖羽頭上至後頸、頸側至胸側紅褐色，頭上有黑褐色縱斑。背面紅褐色，有黑色軸斑，覆羽及三級飛羽有較寬的紅褐色及白色羽緣。喉白色，胸有淡灰褐色斑，胸以下白色。
- 非繁殖羽背面灰褐色，有黑色羽軸，腹面白色，胸側有灰褐色斑。
- 幼鳥背面羽緣淡褐色，有 V 形白色肩羽，過眼線、耳羽、胸側灰褐色，腹面白色。

▲繁殖羽頭上至後頸、頸側至胸側紅褐色。

| 生態 |

繁殖於北歐至西伯利亞北部苔原帶，越冬於南歐、非洲、中東、中亞與南亞。出現於河口、沙洲、鹽田及溼地，喜成群活動，常與其他涉禽混群。於淺水、泥灘行走覓食，攝取螺貝、蝦蟹、沙蠶及昆蟲等為食。由於與紅胸濱鷸極相似，野外辨識不易，以往紀錄較少。

▲非繁殖羽背面灰褐色，有黑色羽軸。

▲轉非繁殖羽中。

▲幼鳥背面羽緣白色，有 V 形白色肩羽。

▲幼鳥眉線白色，過眼線、耳羽、胸側灰褐色。

▲脛部較紅胸濱鷸長。

▲飛行時，腰至尾中央黑色，兩側白。

黃胸鷸 *Calidris subruficollis*

屬名：濱鷸屬　英名：Buff-breasted Sandpiper　別名：飾胸鷸　生息狀況：迷

相似種

流蘇鷸
- 體型較大而高䠷，嘴較長。
- 非繁殖羽及幼羽胸側無縱斑。

▲幼鳥羽色較淡，背面羽緣白色，游荻平攝。

| 特徵 |
- 虹膜暗褐色。嘴短，黑色。腳橙黃色。
- 體型圓胖，成鳥頭、頸、胸至腹淡黃褐色，頭上至後頸有黑褐色縱紋。背面軸斑黑色，有淡黃褐色及白色羽緣，胸側有細縱斑。
- 幼鳥羽色較淡，胸側黑色縱斑較明顯，背面羽緣白色。
- 飛行時翼下覆羽白色，初級飛羽基部具明顯黑色月牙形斑。

▲成鳥，偏好乾燥的短草地，游荻平攝。

| 生態 |
繁殖於阿拉斯加及北美洲苔原帶，越冬於南美洲。棲息於內陸溼地、草地，偏好乾燥的短草地，喜於地上行走，攝取昆蟲、蟹類為食，在臺灣為迷鳥，僅 1984 年臺北關渡、1989 年臺中大肚溪口、2008 年臺南官田 3 筆紀錄。

▶成鳥拍翅展示，林本初攝於臺南官田。

美洲尖尾濱鷸 *Calidris melanotos*

L19~23cm.WS37~45cm

屬名：濱鷸屬　英名：Pectoral Sandpiper　別名：美洲尖尾鷸、斑胸濱鷸　生息狀況：過／稀

相似種

尖尾濱鷸
- 嘴較短，嘴基淡色範圍小。
- 背面紅褐色較濃，頭上赤褐色鮮明，胸部點斑及 V 形斑延伸至脇。
- 非繁殖羽腹面斑紋不明顯。

▲幼鳥白色眉線及 V 形肩羽明顯。

| 特徵 |
- 虹膜暗褐色。嘴黑褐色，嘴基黃色，先端略下彎。腳長，黃色至黃綠色。
- 繁殖羽頭上黃褐色，有黑褐色細縱紋，眉線白色。背面黑褐色，有紅褐色及白色羽緣。頰至胸淡褐色，密布黑褐色細縱紋，腹以下白色，胸、腹界限分明。
- 非繁殖羽似繁殖羽，但羽色較淡，背面灰褐色，眉線不明顯。
- 幼鳥頭上、背面紅褐色較濃，白色眉線及肩羽明顯。

▲非繁殖羽，單獨出現於水田、沼澤等溼地。

| 生態 |
繁殖於北美洲及西伯利亞北部苔原帶，越冬於南美洲南部、澳洲南部及紐西蘭。春、秋過境期單獨出現於水田、沼澤等溼地，動作悠閒，攝取螺貝、昆蟲、蝦蟹、藻類及種籽等為食。

▲非繁殖羽羽色較淡，背面灰褐色，眉線不明顯。

▲繁殖羽眉線白色，背
面有紅褐色及白色羽
緣。

◀胸、腹界限分明。

▶嘴黑褐色，嘴基黃
色，先端略下彎。

西濱鷸 *Calidris mauri*

L14~17cm.WS35~37cm

屬名:濱鷸屬　　英名:Western Sandpiper　　生息狀況:迷

▲嘴黑色,略長而微下彎,圖為幼鳥,游荻平攝。

| 特徵 |
- 虹膜暗褐色。嘴黑色,略長而微下彎。腳黑色,趾間具半蹼。
- 繁殖羽頭上、耳羽、肩羽紅褐色,頭上有黑褐色縱紋。眉線白色,過眼線暗色。背面各羽有黑褐色軸斑及淡色羽緣,腹面白色,胸部有黑色縱斑。
- 非繁殖羽背面灰褐色,腹面白色,上胸側具暗色縱斑。
- 幼鳥似成鳥非繁殖羽,但肩羽羽緣淡紅褐色,覆羽及飛羽淡色羽緣明顯。

| 生態 |
繁殖於西伯利亞東部及阿拉斯加,越冬於北美洲、墨西哥灣及南美洲赤道以北沿海,臺灣偶見於沿海及內陸溼地,會與其他小型鷸混群,於泥灘淺水間攝取螺貝、沙蠶及昆蟲等為食。

相似種

黑腹濱鷸、彎嘴濱鷸
- 黑腹濱鷸嘴較長而彎,繁殖羽腹部有大黑斑;非繁殖羽體色相近,但黑腹濱鷸體型較大,趾間無半蹼。
- 彎嘴濱鷸體型較大,嘴較長而彎,繁殖羽腹面紅褐色。

半蹼鷸 *Limnodromus semipalmatus*

屬名:半蹼鷸屬　　英名:Asian Dowitcher　　生息狀況:過／稀

▲左雄右雌，雌鳥羽色較淡。

| 特徵 |
- 雌雄相似，虹膜暗褐色。嘴長而直，前端膨大，黑褐色，嘴基暗綠。腳長，近黑色。
- 繁殖羽雄鳥頭、頸、胸、脇紅褐色，頭上至後頸有黑色細縱紋。背面有黑色寬軸斑及紅褐色羽緣。腹以下白色，有淡紅褐色羽毛及黑褐色橫斑。雌鳥羽色較淡，背面羽緣白色。
- 非繁殖羽頭上至後頸淡褐色，有黑褐色縱斑。背面灰褐色，羽軸黑色，羽緣白色。眉線、頰白色，過眼線黑褐色。腹面白色，胸有黑褐色縱斑。
- 幼鳥似非繁殖羽，但背部羽緣黃褐色，胸淡黃褐色。
- 飛行時下背、腰至尾羽白色，有黑褐色橫斑，翼下覆羽白色。

| 生態 |
繁殖於西伯利亞西南、蒙古、中國東北，越冬於印度、東南亞、澳洲北部。單獨或2～3隻出現於河口、潮間帶、沼澤與水田等地帶，會與其他鷸類或高蹺鴴混群。以昆蟲、蠕蟲為食。由於棲地喪失，名列全球「接近受脅」鳥種。

相似種

長嘴半蹼鷸、斑尾鷸、黑尾鷸
- 長嘴半蹼鷸體型較小，嘴前端較尖；腳較短，黃綠色；飛行時次級飛羽後緣白色。
- 斑尾鷸體型較大，嘴向上翹，基部淡紅色。
- 黑尾鷸體型較大，嘴粉紅色，尾羽末端黑色。

▲雄鳥繁殖羽頭、頸、胸、脇紅褐色。

◀下背、腰至尾羽白色，有黑褐色橫斑。

▲雌鳥繁殖羽羽色稍淡，背面羽緣白色。

▲幼鳥背部羽緣黃褐色，胸淡黃褐色。

▲攝取蠕蟲為食。

▲出現於河口、潮間帶、沼澤與水田地帶。

▲嘴先端膨大。

長嘴半蹼鷸 *Limnodromus scolopaceus*

L24~30cm.WS46~52cm

屬名:半蹼鷸屬　　英名:Long-billed Dowitcher　　生息狀況:冬 / 稀

▲繁殖羽,臉、腹面赤褐色,胸、脇及尾下覆羽有黑斑,左為青足鷸。

| 特徵 |

• 虹膜暗褐色。嘴長而直,黑褐色,嘴基偏黃綠。腳長,黃綠色。
• 繁殖羽頭上黑褐色有褐色縱紋,背面各羽軸斑黑色,有淡色羽緣及赤褐色橫斑。臉、腹面赤褐色,胸、脇及尾下覆羽有黑斑。
• 非繁殖羽頭、頸、胸灰褐色,具白色眉線及灰褐色過眼線。背面暗灰褐色,羽軸黑色,羽緣淡色。腹以下白色,尾下覆羽有黑斑。
• 幼鳥似非繁殖羽,但背、肩羽之羽緣紅褐色,頸、胸、脇帶黃褐色。
• 飛行時背部白色呈楔形,次級飛羽後緣白色。

| 生態 |

繁殖於西伯利亞東北及阿拉斯加西部,越冬於北美洲南部至中美洲,少數沿西太平洋遷徙至日本、韓國、中國沿海及臺灣。10 月至翌年 4 月零星出現於沼澤、水田,於淺水漫步並以長嘴探入泥中取食,以昆蟲、螺類、蝦蟹及植物種籽為食。

相似種

半蹼鷸

• 體型較大,嘴前端膨大,腳較長,腳及嘴色較深。
• 飛行時腰至尾羽白色,有黑褐色橫斑;翼下覆羽白色。

▲非繁殖羽頭、頸、胸灰褐色,具白色眉線及灰褐色過眼線。

247

鷸科

◄圖下飛行時背部
白色呈楔形，次級
飛羽後緣白色，上
為青足鷸。

▲與青足鷸、小青足
鷸混群。

▶轉非繁殖羽
中，游荻平攝。

248

小鷸 / 小田鷸 *Lymnocryptes minimus*

屬名：姬鷸屬　　英名：Jack Snipe　　別名：姬鷸　　生息狀況：迷

▲背面皮黃色縱紋明顯，林唯農攝。

| 特徵 |
- 虹膜暗褐色。嘴較田鷸屬短，嘴峰黃色，先端黑。腳短，暗黃色。
- 成鳥頭央線黑褐色，皮黃色眉線中間有黑褐色橫斑。過眼線黑褐色，頰淡色有黑褐色橫斑。背面黑褐色，左右各有 2 條明顯皮黃色縱紋，肩羽青黑色具光澤。腹面汙白色，胸密布黑褐色斑；尾羽灰褐色。
- 飛行時翼前緣無白色，腳不露出尾後。

| 生態 |
繁殖於歐洲北部至西伯利亞西部，越冬於南歐、非洲、中東、印度及東南亞，少量不定期於廣東南部及香港越冬。出現於河口、水塘岸邊、沼澤及水田地帶，性隱密，少飛行。喜於泥灘地覓食，覓食時身體隨嘴探入泥中擺動，以軟體動物、螺、昆蟲為食。

相似種

田鷸、寬嘴鷸
- 田鷸屬體型較大，嘴較長。
- 寬嘴鷸體型纖細，嘴先端向下彎曲，腳較長。

鷸科

山鷸 *Scolopax rusticola*

L33~35cm.WS56~60cm

屬名:丘鷸屬　　英名:Eurasian Woodcock　　別名:丘鷸　　生息狀況:冬/不普

▲出現於路邊或林緣草叢,夜間覓食。

| 特徵 |

• 虹膜暗褐色。嘴長而直,先端黑,基部偏粉。腳短,粉灰色。

• 體型圓胖,背面紅褐色,密布黑色與白色橫斑,頭頂至後頸具4道黑色粗橫帶。過眼線黑色,眼下有一黑色橫紋。腹面淡褐色,密布暗色橫紋。尾羽黑色,末端白色。

| 生態 |

廣布於歐洲、亞洲大部分地區,越冬於中國南部、中南半島及東南亞。單獨出現於平地至高海拔山區路邊或林緣草叢,喜陰暗潮溼、落葉層厚之環境。白天隱伏林中,驚起時振翅嗖嗖作響,飛行緩慢,僅短距離飛行即再隱入林中。夜行性,黃昏後覓食,以長嘴探食底層之蚯蚓、昆蟲幼蟲、蝸牛等。

▲體型圓胖,背面紅褐色,密布黑色與白色橫斑。

▲喜陰暗潮溼、落葉層厚之環境。

鷸科

250

▲頭頂至後頸具4道黑
色粗橫帶。

◀驚起時振翅嗖
嗖作響。

▶以長嘴探食底層之蚯
蚓、昆蟲幼蟲、蝸牛。

251

孤田鷸 *Gallinago solitaria*

L29~31cm.WS51~56cm

屬名:田鷸屬　　英名:Solitary snipe　　別名:孤沙錐　　生息狀況:迷

鷸科

▲性孤僻，遷徙時單獨出現於水田、溪流與沼澤。

| 特徵 |
- 虹膜暗褐色。嘴長，鉛灰色，先端黑色。腳黃綠色。
- 頭頂黑褐色，頭央線、眉線、頰、喉及頸側白色。頭側線、過眼線、頰線黑褐色。背面黑褐色具紅褐及白色橫斑，肩羽外緣白色，形成 2 條醒目白色縱紋。胸紅褐色具白色斑點，腹以下白色，有紅褐及黑褐色橫斑。
- 飛行時次級飛羽後緣非白色，翼下覆羽有黑褐色橫斑，腳不露出尾羽。
- 尾羽 18 枚，越外側尾羽越窄，最外側尾羽寬度 2~3mm。

| 生態 |

分布於中亞、西伯利亞、蒙古及中國北部，冬季南遷至喜馬拉雅山脈、巴基斯坦至印度北部、緬甸、日本、韓國等地。棲息於山區森林之山溪岸邊、溼地及林間沼澤地。性孤僻，遷徙時單獨出現於水田、溪流與沼澤，步行時身體會上下起伏擺動，遇驚擾即蹲伏於地面，驚起時飛行緩慢。多於晨昏或夜晚活動，以軟體動物、昆蟲、蠕蟲及螺類為食，也吃植物種子。臺灣於花蓮美崙溪 2017 年 12 月有 1 筆紀錄，停留一段時間。

▲攝取軟體動物、昆蟲、蠕蟲及螺類為食。

▲ 2017 年 12 月攝於花蓮美崙溪。

▲步行時身體會上下起伏擺動。

▲背面具紅褐及白色橫斑，肩羽外緣白色，形成 2 條醒目白色縱紋。

▶胸紅褐色具白色斑點，腹以下白色，有紅褐及黑褐色橫斑。

▲飛行時次級飛羽後緣無白色，腳不露出尾羽。

▲翼下覆羽有黑褐色橫斑，腳不露出尾羽。

大地鷸 / 大田鷸 *Gallinago hardwickii*

III L23~33cm.WS48~54cm

屬名:田鷸屬　　英名:Latham's Snipe　　別名:澳南沙錐　　生息狀況:迷

相|似|種
- 見 P.258「田鷸屬辨識一覽表」。

▲停棲時,尾羽超出合攏翼尖較長。

| 特徵 |
- 虹膜暗褐色。嘴粗長,黃褐色,嘴端深色。腳黃綠色。
- 體色似中地鷸,但體型較大,臉部較白,羽色較淡。停棲時尾羽超出合攏翼尖較長。
- 尾羽 16 ～ 18 枚,以 18 枚最常見;外側尾羽約等寬,僅最外側尾羽稍窄,寬度約 4 ～ 6mm。飛行時腳趾稍超過或不超過尾羽。

| 生態 |
繁殖於日本及庫頁島,冬季長途遷徙至澳洲、新幾內亞,偶爾途經臺灣。出現於草地、農耕地、沼澤等地帶,飛行笨拙,驚起時短距飛行,很快又停降到隱蔽處。晨昏活動,以長嘴探入土中,覓食蚯蚓、昆蟲、螺類及植物種籽。

▲出現於草地、農耕地、沼澤等地帶。

▲尾羽 16~18 枚,外側尾羽約等寬,僅最外側尾羽稍窄。

◀嘴呈錐形，
嘴基粗厚。

▶近嘴基處之過
眼線較淡褐色眉
線細窄。

▲飛行時腳趾不超過或稍超過尾羽，展示飛行（左）會發出風切呼嘯聲。

田鷸 *Gallinago gallinago*

L25~27cm.WS44~47cm

屬名:田鷸屬　　英名:Common Snipe　　別名:扇尾沙錐　　生息狀況:冬 / 普

相 似 種
• 見 P.258「田鷸屬辨識一覽表」。

▲幼鳥肩羽外側羽緣較白。

| 特徵 |
• 虹膜暗褐色。嘴褐色,嘴端深色,粗長而直。腳黃褐色。
• 成鳥頭央線、眉線、頰、喉皮黃色;頭側線、過眼線、頰線黑褐色,近嘴基處之過眼線通常較皮黃色眉線寬。背、肩羽具黑色軸斑,外側羽緣白色寬而鮮明,形成白色縱線,內側羽緣窄且隱而不見。覆羽褐色,有黑褐色斑紋;頸、胸黃褐色,有黑褐色縱斑;腹以下白色,脇有黑褐色橫斑。
• 飛行時次級飛羽後緣白色,翼下具明顯白色寬帶,腳露出尾羽。
• 尾羽 12~18 枚,以 14 及 16 枚最常見;最外側尾羽寬度 7~12mm,與中央尾羽接近,為田鷸屬中最寬。

| 生態 |
廣布於全球,東亞族群繁殖於西伯利亞、蒙古北部及中國東北,越冬於中國、日本、朝鮮半島、印度及東南亞。9 月至翌年 4 月單獨或小群出現於沼澤、水田、水岸、溝渠等地帶,有時聚集上百隻大群。常於草叢或岸邊蹲伏,遇有威脅時會突然驚飛並發出驚叫聲,飛行路徑曲折,較不穩健。以蚯蚓、昆蟲、螺類及植物種籽為食。

▲肩羽外側羽緣皮黃色寬而鮮明,內側羽緣窄且隱而不見。

▲近嘴基處之過眼線較寬，成鳥。

◀出現於沼澤、水田、
水岸、溝渠等。

▲飛行時次級飛羽後緣白色，腳露出尾羽。

▲翼下具明顯白色寬帶。

◆田鷸屬辨識一覽表

特徵 鳥種	嘴長	背部及肩羽羽緣	過眼線	尾羽數及外側尾羽寬度	尾羽長度	飛行特徵
田鷸	嘴最長，約為頭長2倍，嘴基相對較薄	外側羽緣寬而鮮明，內側羽緣窄且隱而不見，形成皮黃色或白色粗縱線，體色通常偏黃褐色	近嘴基處之過眼線較淡褐色眉線寬	尾羽12~18枚，14及16枚最常見。最外側尾羽7~12mm，最寬	停棲時尾羽超出合攏翼端之長度中等	飛行路徑曲折，較不穩健。次級飛羽後緣白色，翼下覆羽具明顯白色寬帶，腳趾露出尾羽
針尾鷸	較田鷸短，嘴基相對較厚。通常比中地鷸更短，但兩者有重疊，不宜作為辨識依據	羽緣較窄，內外側羽緣寬度相近，形成鱗狀斑紋。體色通常偏紅褐色	近嘴基處之過眼線較淡褐色眉線細窄	尾羽24~28枚。最外側尾羽1~2mm，最細，呈針狀	停棲時尾羽超出合攏翼端之長度較其他田鷸屬短，但亦有較長之個體	飛行路徑曲折，距離較短且高度低。次級飛羽後緣白色不明顯，腳趾露出尾羽較多
中地鷸	相對於頭較大，嘴顯得較田鷸短，嘴基較厚	羽緣較窄，內外側羽緣寬度相近，形成鱗狀斑紋。體色通常偏黑褐色	近嘴基處之過眼線較淡褐色眉線細窄	尾羽20~22枚，越外側尾羽越窄，最外側尾羽2~4mm，通常黑色部分大於白色	停棲時尾羽超出合攏翼端之長度較長	飛行緩慢、穩定。次級飛羽後緣非白色，翼下覆羽為黑褐色斑點，腳趾略露出尾羽
大地鷸	似中地鷸	體色似中地鷸，但體型較大，臉部白而乾淨，體色最淡	近嘴基處之過眼線較淡褐色眉線細窄	尾羽16~18枚，以18枚最常見：外側尾羽約等寬，僅最外側尾羽稍窄，寬度約4~6mm，通常白色部分大於黑色	停棲時尾羽超出合攏翼端之長度較長	飛行顯得較笨重，驚起時僅短距飛行。腳趾稍露出或不露出尾羽

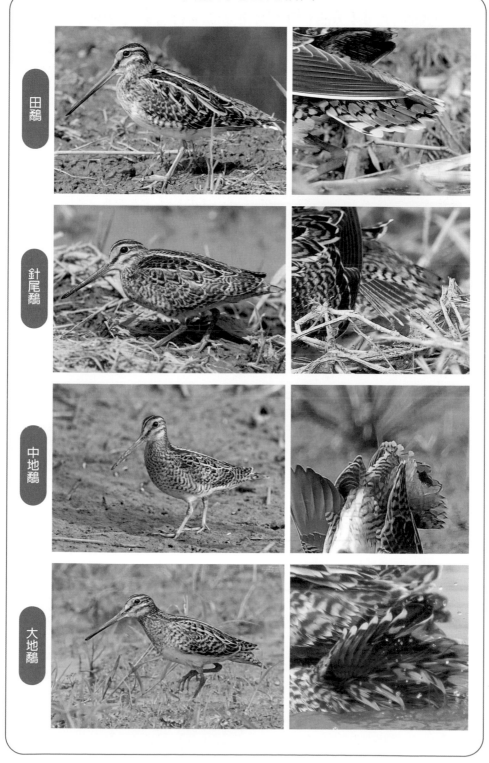

針尾鷸 / 針尾田鷸 *Gallinago stenura*

L25~27cm.WS44~47cm

屬名:田鷸屬　　英名:Pin-tailed Snipe　　別名:針尾沙錐　　生息狀況:冬 / 稀，過 / 普

相似種

• 見 P.258「田鷸屬辨識一覽表」。

▲出現於稻田、沼澤、水塘河岸等地帶。

| 特徵 |

• 虹膜暗褐色。嘴相對其他田鷸屬短，黃褐色，嘴端深色。腳偏黃色。

• 體色似中地鷸，但體型略小，頭占身體比例較大，眼亦大。過眼線於眼前細窄，眼後較模糊。兩翼圓，尾短，背部黑褐色斑點較細。

• 飛行時次級飛羽後緣白色不明顯，腳露出尾羽較多。

• 停棲時尾羽超出合攏翼尖較短。尾羽 24~28 枚，最外側尾羽寬度 1~2mm，呈針狀。

▲最外側尾羽呈針狀。

| 生態 |

繁殖於西伯利亞、蒙古北部及中國東北，冬季南遷至中國南部、印度、中南半島及南洋群島，習性似田鷸，單獨或 2～3 隻出現於稻田、沼澤、水塘河岸等地帶，但棲地環境較偏向乾燥地帶。驚起時會發出驚叫聲，飛行路徑曲折，距離較短且高度低。以蚯蚓、昆蟲、螺類及植物種籽為食。

▲停棲時尾羽超出合攏翼尖較短。

▲翼下有黑白相間斑紋，無寬白帶，次級飛羽後緣白色不明顯。

▲最外側尾羽呈針狀。

▲嘴相對於其他田鷸屬短，幼鳥。

▲成鳥。

鷸科

中地鷸 / 中田鷸 *Gallinago megala*

屬名：田鷸屬　　英名：Swinhoe's Snipe　　別名：大沙錐　　生息狀況：冬 / 稀，過 / 普

鷸科

相｜似｜種

• 見 P.258「田鷸屬辨識一覽表」。

▲出現於沼澤、水田、溼潤草地，幼鳥。

| 特徵 |

• 虹膜暗褐色。嘴長，黃褐色，嘴端深色。
  腳綠至黃褐色。

• 頭形大而方，頭央線、眉線、頰、喉淡褐
  色。頭側線、過眼線、頰線黑褐色。背、
  肩羽具黑色軸斑，羽緣淡色，內外側羽緣
  寬度相近，形成鱗狀；覆羽褐色，有黑色
  橫斑。腹面汙白色，頸、胸密布黑褐色斑。

• 飛行時次級飛羽後緣非白色，翼下覆羽爲
  黑褐色斑點，腳趾僅略超出尾羽。

• 停棲時尾羽超出合攏翼尖長，尾羽 20~22
  枚，最外側尾羽寬度 2~4mm，越外側尾羽
  越窄。

| 生態 |

繁殖於中亞、蒙古及西伯利亞，冬季南遷至
南亞、中南半島、南洋群島及澳洲。單獨或
2～3 隻出現於沼澤、水田、溼潤草地，不
喜飛行，驚起時飛行緩慢、穩定，以蚯蚓、
昆蟲及螺類爲食。

▲越外側尾羽越窄。

▲停棲時尾羽超出合攏翼尖長。

▶背及肩羽內外側羽緣寬度相近，形成鱗狀斑紋，成鳥。

▲成鳥。

反嘴鷸 / 翹嘴鷸 *Xenus cinereus*

L22~25cm.WS57~59cm

屬名:翹嘴鷸屬　英名:Terek Sandpiper　生息狀況:過 / 不普

相|似|種

黃足鷸
• 嘴筆直。
• 胸、脇有波浪形橫紋。

▲非繁殖羽背面黑色軸斑較細，白色眉線較明顯。

| 特徵 |
• 虹膜暗褐色。嘴黑色，長而上翹，嘴基黃色。腳短，橙黃色。
• 繁殖羽頭、頸至上胸淡灰褐色，有暗褐色縱紋，眉線灰白色不明顯，過眼線暗褐色。背面灰褐色，肩羽具黑色粗軸斑，形成黑色粗縱帶，部分覆羽具粗軸斑。下胸以下白色。
• 非繁殖羽背面偏灰，黑色軸斑較細，白色眉線較明顯。腹面白色，頸、上胸縱紋不明顯。
• 幼鳥似非繁殖羽，但背面羽緣淡褐色，肩羽黑色縱帶不明顯，頰至上胸有灰褐色縱紋。
• 飛行時次級飛羽後緣白色。

| 生態 |
繁殖於歐亞大陸北部，越冬於非洲、中東、南亞、東南亞至澳洲，單獨或成小群出現於沿海泥灘、河口、沙洲、沼澤地帶，常與其他涉禽混群，覓食時行走迅速，以長嘴在沙地、軟泥探食甲殼類、螺貝、蠕蟲及昆蟲，會在水邊清洗獵物後再進食。

▲於水邊清洗獵物。

▲飛行時次級飛羽後緣白色。

▲喜於泥灘覓食。

▲於沙地、軟泥探食甲殼類、螺貝、蠕蟲為食。

▲單獨或小群出現於沿海泥灘、河口、沙洲地帶，繁殖羽。

紅領瓣足鷸 *Phalaropus lobatus*

L18~20cm.WS32~41cm

屬名:瓣足鷸屬　英名:Red-necked Phalarope　別名:紅領瓣蹼鷸、紅頸瓣蹼鷸　生息狀況:過/普

相似種

灰瓣足鷸
•嘴較粗短,嘴基黃色。
•繁殖羽眼周白色,腹面赤褐色。
•非繁殖羽背面羽色較淡。

▲雌鳥繁殖羽羽色較亮麗。

| 特徵 |
• 虹膜暗褐色。嘴黑色尖細,腳黑色,趾具瓣蹼。
• 繁殖羽雌鳥頭黑色,喉、頰白色,眼上方有白斑,眼後黑色。背面灰黑色,有橙褐色縱斑。頸側至上胸赤褐色,胸以下白色,胸側、脇灰色。雄鳥似雌鳥,但體型略小,羽色較淡。
• 非繁殖羽頭及腹面白色,眼後有黑斑。背面灰黑色,羽緣白色,胸側、脇灰褐色。
• 幼鳥似成鳥非繁殖羽,但背面灰黑色,有淡黃褐色縱線。
• 飛行時白色翼帶明顯。

| 生態 |
繁殖於歐亞大陸及北美洲北部苔原帶,東亞族群越冬於菲律賓、新幾內亞至澳洲水域,過境期成群出現於海洋、河口、沼澤等水面,遷徙時常成大群。性不畏人,趾間有蹼,擅漂浮於水面,覓食時於水面不停旋轉,驚起水下小生物後食之,主食昆蟲、浮游生物、甲殼類和軟體動物等。一妻多夫制,由雄鳥負責孵蛋、育雛。繁殖期雌鳥羽色較雄鳥亮麗。

▲繁殖羽轉非繁殖羽中。

▲非繁殖羽臉及腹面白色,眼後有黑斑。

▲趾具瓣蹼。

▲飛行時白色翼帶明顯。

▲雄鳥繁殖羽羽色較淡,頭上有白色碎斑。

▲主食昆蟲、浮游生物、甲殼類。

灰瓣足鷸 *Phalaropus fulicarius*

屬名:瓣足鷸屬　英名:Red Phalarope / Grey Phalarope　別名:灰瓣蹼鷸　生息狀況:過 / 稀

| 相 | 似 | 種 |

紅領瓣足鷸
- 嘴黑色細長,繁殖羽僅眼上有白斑,腹面白色。
- 非繁殖羽背面羽色較濃。

▲非繁殖羽嘴黑色,嘴基黃色。

| 特徵 |

- 虹膜暗褐色。嘴黑色,嘴基黃色。腳灰黑色,趾具瓣蹼。
- 繁殖羽:雌鳥嘴黃色,嘴端黑色。額、頭上至後頸黑色,眼周圍白色向後延伸,背面有黑褐色軸斑及黃褐色羽緣。喉、頸、胸至尾下覆羽赤褐色。雄鳥羽色較淡,嘴黑色部分較多,頭上至後頸黃褐色,具黑褐色縱紋。
- 非繁殖羽嘴黑色,嘴基黃色。頭白色,後頭、眼先及眼後有黑斑。背面、胸側灰色,腹面白色。

▲主食昆蟲、浮游生物、甲殼類和軟體動物。

| 生態 |

繁殖於歐亞大陸及北美洲北部苔原帶,越冬於非洲西岸的大西洋及南美洲南部的太平洋水域,過境期成群出現於海洋、河口、沼澤等水面,多於海域活動。性不畏人,趾間有蹼,擅漂浮於水面,覓食時於水面不停旋轉,驚起水下小生物後食之,主食昆蟲、浮游生物、甲殼類和軟體動物等。一妻多夫制,由雄鳥負責孵蛋、育雛。

▲擅漂浮於水面。

鷸科

◀覓食時於水面不停旋轉，驚起水下小生物。

▶趾間有蹼，性不畏人。

▲非繁殖羽頭白色，後頭、眼先及眼後有黑斑。

磯鷸 *Actitis hypoleucos*

屬名：磯鷸屬　　英名：Common Sandpiper　　生息狀況：冬 / 普

相似種

白腰草鷸
- 體型較大，肩線僅至眼先。
- 背部有白色細斑點，腳灰綠色。
- 飛行時尾上覆羽至尾羽白色，無翼帶。

▲繁殖羽背面灰褐色，有黑色羽軸及細橫紋。

| 特徵 |
- 虹膜暗褐色，眼圈白色。嘴黑褐色。腳黃褐至灰綠色。
- 繁殖羽眉線白色，過眼線黑褐色。背面灰褐色，有黑色羽軸及細橫紋。胸側灰褐色，頰至胸側有黑褐色細縱紋。腹面白色，翼前緣與胸側間白色內凹明顯。尾羽灰褐色。非繁殖羽背面及胸部斑紋不明顯。
- 停棲時尾羽超過翼端甚長；飛行時白色翼帶醒目。
- 幼鳥背面有淡褐色細羽緣及黑色次端帶。

▲翼前緣與胸側間白色內凹醒目，成鳥非繁殖羽。

| 生態 |
繁殖於歐亞大陸，越冬於非洲、南亞、東南亞及澳洲，單獨出現於海岸、河岸、池畔、水田及溼地。活動時不時點動頭部，上下擺動尾羽，常兩翼平直的掠過水面。喜沿水邊走動，靠視覺啄取食物，以昆蟲為主食。

▲停棲時尾羽超過翼端甚長，非繁殖羽。

▲幼鳥背面有淡褐色羽緣。

▲翼下亦具白色翼帶。

▲飛行時白色翼帶醒目。

▲單獨出現於海岸、河岸、池畔、水田及溼地,非繁殖羽。

▲白色翼帶醒目,幼鳥。

271

白腰草鷸 *Tringa ochropus*

L21~24cm.WS57~61cm

屬名:鷸屬　　英名:Green Sandpiper　　別名:草鷸　　生息狀況:冬 / 不普

相似種

鷹斑鷸、磯鷸
- 鷹斑鷸腳黃綠色較長,眉斑較明顯,背面白色斑點較大,飛行時翼下近白色。
- 磯鷸矮胖,背面無白色斑點,飛行時,白色翼帶明顯。

▲非繁殖羽頭上灰褐色無斑紋,背部白色斑點較細而少。

| 特徵 |
- 虹膜暗褐色,眼圈白色。嘴灰黑色。腳灰綠色。
- 繁殖羽頭上至後頸黑褐色,有白色細縱紋。眉線短,僅至眼先。背面黑褐色,散布白色斑點。腹面白色,頰至胸有黑褐色縱紋。
- 非繁殖羽頭上灰褐色無斑紋,背部白色斑點較細而少,頰至上胸淡褐色,有不明顯之暗褐色縱紋。
- 幼鳥似非繁殖羽,但羽色偏褐,背面白斑不明顯,頰至胸縱紋較少。
- 飛行時尾上覆羽至尾羽白色,尾端有 3~4 條黑褐色橫帶,翼下黑褐色。腳伸出尾後。

| 生態 |
廣布於歐、亞、非洲,繁殖於歐亞大陸北部,越冬於西歐、非洲、印度、中國南方及東南亞。單獨或成小群出現於河川、水塘、沼澤及水田邊,性機警,常上下擺動尾部,多於岸邊或近草叢之水邊活動,少至空曠處。於淺水處覓食,食物有昆蟲、蜘蛛、軟體動物和甲殼類等。

▲繁殖羽頭上有白色細縱紋,背面散布白色斑點。

▲飛行時尾上覆羽至尾羽白色，尾端有 3~4 條黑褐色橫帶。

▲單獨或成小群出現於河川、水塘、沼澤及水田邊。

▲幼鳥羽色偏褐，背面白斑不明顯。

▲常出現於溪流，非繁殖羽。

黃足鷸 *Tringa brevipes*

L23~27cm.WS60~65cm

屬名：鷸屬　　英名：Gray-tailed Tattler　　別名：灰尾鷸　　生息狀況：過/普

相似種

美洲黃足鷸
- 詳見 P.277「黃足鷸與美洲黃足鷸辨識一覽表」。

▲繁殖羽胸、脇有暗褐色波形紋。

| 特徵 |

- 虹膜暗褐色，眼圈白色。嘴粗直，黑褐至藍灰色，下嘴基黃褐色，鼻溝前端達嘴長 1/2 處。腳黃色略短，跗蹠後面鱗紋呈階狀。
- 繁殖羽眉線白色，過眼線黑褐色。背面灰褐色，新羽時有灰白色羽緣。腹面白色，頰至頸有灰褐色縱紋，胸、脇有暗褐色波形紋。
- 非繁殖羽腹面無波形紋，胸灰褐色。
- 幼鳥似成鳥非繁殖羽，但肩、翼覆羽及尾羽側緣有細白斑。
- 停棲時翼尖通常與尾羽等長。飛行時背面灰褐色，翼下灰黑色。

| 生態 |

繁殖於西伯利亞中北及東北，冬季南遷至南洋群島、澳洲及紐西蘭。春、秋過境期成小群出現於海岸礁岩、潮間帶、河口及沼澤等地帶，少數爲冬候鳥。以目視捕食甲殼類、軟體動物、昆蟲等爲食，也會在淺水中探索獵物，停棲時常上下擺動尾羽。

▲出現於海岸礁岩、潮間帶、河口及沼澤等地帶。

鷸科

▲幼鳥覆羽、三級飛羽及尾羽側緣有細白斑。

▶飛行時背面灰褐
色，翼下灰黑色。

▲幼鳥似非繁殖羽。

▲非繁殖羽轉繁殖羽中。

▲捕食甲殼類、軟體動物、昆蟲等為食。

美洲黃足鷸 *Tringa incana*

L26~30cm.WS50~55cm

屬名：鷸屬　　英名：Wandering Tattler　　別名：灰鷸　　生息狀況：迷

相似種

黃足鷸
• 詳見 P.277「黃足鷸與美
　洲黃足鷸辨識一覽表」。

鷸科

▲繁殖羽背面暗灰褐色，胸、腹、脇至尾下覆羽密布黑色波形紋。

| 特徵 |

• 虹膜暗褐色，眼圈白色。嘴粗直，黑褐色，下嘴基黃褐色，鼻溝前端達嘴長 2/3 處。腳黃色略
　短；跗蹠後面鱗紋呈網目狀。
• 繁殖羽背面暗灰褐色，眉線白色，過眼線黑褐色。腹面白色，頰至頸有黑色縱紋，胸、腹、脇
　至尾下覆羽密布黑色波形紋。
• 非繁殖羽腹面無波形紋，頰至胸、脇暗灰褐色。
• 幼鳥似成鳥非繁殖羽，但肩、翼覆羽
　及尾羽側緣有細白斑。
• 停棲時翼尖通常超出尾羽。飛行時，
　背面、翼下皆為暗灰褐色。

| 生態 |

繁殖於阿拉斯加及白令海沿岸，冬季南
遷至北美洲西岸、南太平洋群島及澳洲
東岸。單獨或小群出現於海岸礁岩，以
甲殼類、軟體動物、魚及昆蟲等為食，
停棲時常上下擺動尾羽。本種與黃足鷸
極相似，往年可能有被忽略、誤認為黃
足鷸之情形。

▲非繁殖羽腹面無波形紋，頰至胸、脇暗灰褐色。

▲飛行時背面、翼下皆為暗灰褐色。

▲出現於海岸礁岩，換繁殖羽中。

▲繁殖羽。

▲黃足鷸（左）與美洲黃足鷸（右）鼻溝比較圖。

◆黃足鷸與美洲黃足鷸辨識一覽表

特徵 鳥種	繁殖羽	非繁殖羽	鼻溝長度	跗蹠後面 鱗紋
黃足鷸	背面褐色較濃，僅胸、脇具波形紋，紋路較細而淡，腹部中央與尾下覆羽無波形紋	胸、脇灰褐色範圍較小、羽色較淡	鼻溝前端達嘴長 1/2	呈階狀
美洲黃足鷸	背面偏暗灰色，胸、腹、脇至尾下覆羽均具波形紋，紋路粗而明顯，顏色較深	胸、脇暗灰褐色範圍較大、羽色較深	鼻溝前端達嘴長 2/3	呈網目狀

鶴鷸 *Tringa erythropus*

屬名:鷸屬　　英名:Spotted Redshank　　生息狀況:冬 / 稀

鷸科

相 似 種

赤足鷸
- 體型較小,嘴較粗短,上、下嘴基均為紅色。
- 繁殖羽腹面白色,有黑褐色縱斑。
- 非繁殖羽背面褐色較濃,飛行時次級飛羽白色甚為醒目。

▲繁殖羽腳暗紅色或近黑,全身大致黑色,眼圈白色。

| 特徵 |
- 虹膜暗褐色。嘴細長,黑色,下嘴基紅色,嘴尖微向下彎。腳長。
- 繁殖羽腳暗紅色或近黑。全身大致黑色,眼圈白色,背面具白斑及白色羽緣。
- 非繁殖羽腳紅色。眉線白色,背面鼠灰色具白斑,頭上有黑色細縱紋。腹面白色,胸側、脇有灰色橫斑。
- 幼鳥似成鳥非繁殖羽,但背面羽色較暗,腹面密布灰褐色斑紋。
- 飛行時下背、腰、翼下覆羽白色,腳伸出尾後較長。

| 生態 |
繁殖於北歐、西伯利亞北部及東北部,東亞族群越冬於印度、中國東南及東南亞。單獨或成小群出現於河口、沙洲、沼澤及魚塭,西南部沿海較常出現,會混群於赤足鷸中。以昆蟲、貝類、甲殼類及小魚等為食,覓食時採啄食,或以嘴探入水中左右掃動尋找食物。

▲下嘴基紅色,嘴尖微向下彎。

▲非繁殖羽腳紅色，眉線白色，胸側、脅有灰色橫斑。

▲單獨或成小群出現於河口、沙洲、沼澤及魚塭。

▲非繁殖羽轉繁殖羽中。

▲下背、腰、翼下覆羽白色。

青足鷸 *Tringa nebularia*

L30~35cm.WS68~70cm

屬名：鷸屬　　英名：Common Greenshank　　別名：青腳鷸　　生息狀況：冬／普

鷸科

相|似|種

諾氏鷸、小青足鷸
• 諾氏鷸頭大頸短，嘴較厚實，黃綠色；
　腳較短，黃色；非繁殖羽背面褐色較濃。
• 小青足鷸體型較小，嘴細直，腳較長，
　翼下覆羽近白色。

▲非繁殖羽背面灰褐色，羽緣白色，羽緣內側及羽軸黑色。

| 特徵 |
• 虹膜暗褐色。嘴灰黑色，先端略向上翹。
　腳略長，黃綠色。
• 繁殖羽頭上至後頸灰色，有灰黑色縱紋。
　背面灰褐色，有黑褐色軸紋及白色羽緣。
　腹面白色，頰至胸、脇有灰黑色縱紋。
• 非繁殖羽背面灰褐色，羽緣白色，羽緣內
　側及羽軸黑色，腹面白色，胸側有黑褐色
　縱斑。
• 幼鳥似成鳥非繁殖羽，但背面羽緣內側無
　黑色。

▲繁殖羽頭上至後頸灰色，有灰黑色縱紋。

• 飛行時腰、尾上覆羽白色，尾羽有黑褐色
　橫斑，翼下覆羽具深色細紋。

| 生態 |
繁殖於歐亞大陸、西伯利亞，越冬於非洲南
部、南亞、東南亞及澳洲，通常成小群出現
於河口、泥灘、沼澤及水田地帶，以昆蟲、
甲殼類、小魚等為食，覓食時以嘴在水裡左
右掃動尋找食物，能迅速、巧妙地圍捕魚群。

▲轉非繁殖羽中。

▲飛行時，背、腰至尾
上覆羽白色。

◀飛行時，翼下覆
羽具深色細紋。

▶以昆蟲、甲殼類、
小魚等為食。

諾氏鷸 *Tringa guttifer*

△ | L28.5~34cm

屬名：鷸屬　英名：Nordmann's Greenshank　別名：小青腳鷸、諾曼氏青足鷸　生息狀況：冬、過 / 稀

鷸科

相似種

青足鷸、黃足鷸
- 青足鷸嘴較細長，腳亦較長，黃綠色，僅有兩趾連蹼。
- 黃足鷸體型較小，嘴較短，藍灰色，飛行時，腰非白色。

▲以甲殼類、小魚和軟體動物等為食，尤好蟹類。

| 特徵 |
- 虹膜暗褐色。嘴粗長，略向上翹，黃綠色，先端黑色。腳短，黃色，三趾間有半蹼。
- 繁殖羽頭上、後頸至背面黑褐色，背有灰色羽緣。腹面白色，頰至前頸有黑褐色斑，胸、脇有黑褐色粗斑。
- 非繁殖羽背面灰褐色，羽緣白色。腹面白色，胸側灰褐色。
- 幼鳥似成鳥非繁殖羽，但背面有白色斑點。
- 飛行時下背至尾上覆羽、翼下覆羽白色，腳與尾齊或超出尾羽少許。

| 生態 |
繁殖於俄國鄂霍次克海西岸及庫頁島，冬季遷徙途經日本、韓國、中國東部沿海、香港及臺灣，越冬於孟加拉、中南半島。單獨出現於河口、潮間帶、沙洲及沼澤等地帶，常於泥灘上覓食，步伐大而急促，以甲殼類、小魚和軟體動物等為食，尤好蟹類，會將蟹腳甩斷再行進食。本種族群稀少，名列全球「瀕危」鳥種，亟待保育。

▲非繁殖羽背面灰褐色，羽緣白色，腹面白色，胸側灰褐色。

▲喜食蟹類，將蟹腳甩斷再行進食。

▲腳黃色，趾間有蹼。

▲飛行時翼下覆羽白色。

▲飛行時下背至尾上覆羽白色。

▲常於泥灘上覓食，步伐大而急促，轉繁殖羽中。

◀單獨出現於河口、潮間帶、沙洲及沼澤等地帶。

▶種群稀少，名列全球「瀕危」鳥種。

小黃腳鷸 *Tringa flavipes*

L23~25cm.WS59~64cm

屬名:鷸屬　　英名:Lesser Yellowlegs　　生息狀況:迷

鷸科

▲繁殖羽,頭、頸、胸有黑褐色縱紋,背面密布黑、白色斑,游荻平攝。

| 特徵 |

- 虹膜暗褐色。嘴細而直,黑色,嘴基黃色。腳細長,鮮黃色。
- 繁殖羽頭、頸、胸有黑褐色縱紋。背面灰褐色,密布黑、白色斑。腹面白色。
- 非繁殖羽羽色較淡,頸、胸縱紋較稀疏。
- 飛行時腰部白色呈方形,翼下覆羽有灰黑色橫紋。

| 生態 |

繁殖於阿拉斯加及加拿大,冬季南遷至南美洲。出現於河口、草澤、水田地帶,性活潑,體態優雅,以昆蟲、甲殼類、小魚等為食,臺灣僅幾筆零星紀錄。

相 似 種

小青足鷸
- 體色偏白,腳黃綠色。

小青足鷸 / 澤鷸 *Tringa stagnatilis*

L22~26cm.WS55~59cm

屬名：鷸屬　　英名：Marsh Sandpiper　　生息狀況：冬 / 不普，過 / 普

相似種

青足鷸
- 體型較大。
- 嘴較粗，向上翹。
- 腳較短。
- 翼下覆羽密布黑褐色斑點。

▲繁殖羽，頭、頸、上胸密布黑褐色細縱斑。

| 特徵 |

- 虹膜暗褐色。嘴細長，黑色，下嘴基黃色。腳甚長，黃綠色。
- 繁殖羽頭上淡灰褐色，頰、頸偏白，頭、頸、上胸密布黑褐色細縱斑。背面灰褐色，有黑色斑點，腹以下白色。
- 非繁殖羽背面無黑色斑點，羽緣淡色。腹面全白，僅頰、頸側有不明顯的灰褐色縱斑。
- 幼鳥似成鳥非繁殖羽，但翼覆羽黃褐色濃。
- 飛行時腰至尾羽白色，尾羽有黑褐色橫斑，翼下覆羽近白色。

▲非繁殖羽背面無黑色斑點，羽緣淡色。

| 生態 |

繁殖於歐亞大陸、蒙古及中國東北等地，冬季南遷至非洲、南亞、東南亞及澳洲，單獨或成小群出現於潮間帶、河口、沼澤、鹽田及水田地帶，冬季可結成大群。性羞怯，領域性強，常互鬥或與他種鷸類打鬥，以小魚、昆蟲、甲殼類、軟體動物為食。

▲出現於潮間帶、河口、沼澤、鹽田及水田地帶。

286

▲飛行時腰至尾羽白色，尾羽有黑褐色橫斑。

◀單獨或成小群出現於潮間帶、河口、沼澤、鹽田及水田地帶。

▶繁殖羽背面灰褐色，有黑色斑點。

287

鷹斑鷸 *Tringa glareola*

屬名:鷸屬　　英名:Wood Sandpiper　　別名:林鷸　　生息狀況:冬、過 / 普

相似種

白腰草鷸
- 體型較矮壯，腳灰綠色。
- 眉線僅至眼先。
- 背部白色斑點較細小。
- 飛行時翼下黑褐色。

▲繁殖羽背面黑褐色，有白色羽緣及斑點。

| 特徵 |
- 虹膜暗褐色。嘴黑色，嘴基黃綠色。腳長，黃色或黃綠色。
- 繁殖羽頭上至後頸灰褐色，有黑色細縱紋。背面黑褐色，有白色羽緣及斑點。眉線、腹面白色，頰至上胸、脇有黑褐色縱紋。
- 非繁殖羽背面暗褐色，羽緣白色，頰至上胸、脇淡褐色，有不明顯縱紋。
- 幼鳥背面暗褐色，有淡褐色斑點。腹面白色，頸至胸褐色，斑紋不明顯。
- 飛行時尾上覆羽至尾羽白色，尾羽有黑褐色橫斑，翼下大致白色。

| 生態 |
繁殖於歐亞大陸北部，越冬於非洲、南亞、東南亞及澳洲，單獨或成小群出現於沼澤、水田地帶。性機警，喜群聚，行動時常上下擺動尾部；警戒時，頭會不斷向前探動，遇有干擾即整群飛離。以昆蟲、甲殼類、軟體動物等為食，覓食時採啄食，以嘴伸入水中探食，或左右掃動尋找食物，有時頭、頸都會沒入水中。

▲非繁殖羽，出現於沼澤、水田地帶。

▲幼鳥背面暗褐色，有
淡褐色斑點。

◀行動時常上下擺
動尾部，警戒時頭
會不斷向前探動。

▶繁殖羽頭上至後
頸灰褐色，有黑色
細縱紋，頰至上胸、
脇有黑褐色縱紋。

赤足鷸 *Tringa totanus*

L27~29cm.WS59~66cm

屬名:鷸屬　　英名:Common Redshank　　別名:紅腳鷸　　生息狀況:冬 / 普

相似種

鶴鷸
- 體型較大，嘴較細長，僅下嘴基紅色。
- 非繁殖羽眉紋較明顯，背面羽色較灰，飛行時次級飛羽非白色。

▲繁殖羽，頭上、頰至胸有黑褐色縱紋。

| 特徵 |

- 虹膜暗褐色，眼圈白色。嘴橙紅色，先端黑色。腳橙紅色。
- 繁殖羽頭上淡紅褐色，具黑褐色縱紋，眉線白色，過眼線黑褐色。背面茶褐色，有黑褐色斑點。腹面白色，頰至胸有黑褐色縱紋。
- 非繁殖羽背面暗灰褐色，有不明顯軸斑。胸側灰褐色，腹面白色，斑紋不明顯。
- 幼鳥似成鳥非繁殖羽，但嘴橙紅色較淡，背面有淡黃褐色羽緣及斑點。
- 飛行時腰、次級飛羽白色，尾上具黑白相間細橫紋。

| 生態 |

繁殖於歐亞大陸、蒙古及中國東北等地，冬季遷移至非洲、中東、印度、中國東南及東南亞。8月至翌年4月單獨或成小群出現於河口、沙洲、沼澤、湖岸及魚塭地帶，其他月分亦多有紀錄。以昆蟲、甲殼類、軟體動物為食，喜涉足於退潮後的泥沙灘，或在堤岸附近之沼澤、廢魚塭遊走覓食。

▲出現於河口、沙洲、沼澤、湖岸及魚塭地帶。

▲獵食螃蟹，甩斷蟹腳後進食。

▲非繁殖羽腹面白色，斑紋不明顯。

▲以昆蟲、甲殼類、軟體動物為食。

▲幼鳥嘴及腳橙紅色較淡，背面有淡色羽緣。

▲出現於臺灣者為 *ussuriensis* 亞種。

▲飛行時翼下、腰及次級飛羽白色，尾上具黑白相間細橫紋。

▶腰及次級飛羽白色醒目。

291

燕鴴科
Glareolidae

分布於歐亞大陸、非洲及澳洲，臺灣1種。體型修長，飛行似燕或燕鷗；嘴寬短，先端下鉤；翼長而尖，尾呈叉形。生活於農田、濱海沙岸、河床等較乾旱環境，性吵雜，喜成群活動，晨昏在空中飛行捕食飛蟲，也會在地面啄食昆蟲。採一夫一妻制，成群於地面營巢，雌雄共同孵卵、育雛，雛鳥為早成性。

燕鴴 *Glareola maldivarum*

Ⅲ L23~25cm.WS58~64cm

屬名：燕鴴屬　英名：Oriental Pratincole　別名：普通燕鴴、草埔鳦仔（臺）　生息狀況：夏、過／普

▲繁殖羽嘴基紅色。

| 特徵 |
- 虹膜暗褐色。嘴短，口裂寬。腳深褐色。
- 繁殖羽嘴黑色，嘴基紅色。眼先黑色，喉黃褐或乳黃色，外緣環繞黑線。背面茶褐色，頸、胸黃褐色，腹以下白色。
- 非繁殖羽體色較淡，嘴基淡紅色，喉淡褐色，外緣黑線較淡。
- 幼鳥似非繁殖羽，但嘴全黑，背面有淡色羽緣，喉、胸、脇淡灰褐色。
- 飛行時飛羽黑褐色，翼下覆羽橙紅色，尾上覆羽白色。尾羽分叉，基部及外緣白色，末端黑色。

| 生態 |
繁殖於東亞及東南亞，冬季南遷經印尼至澳洲。夏候鳥4、5月起陸續飛抵臺灣，亦有過境及冬候鳥族群，與繁殖的夏候鳥相互重疊。成小至大群出現於海岸附近開闊之砂石地、乾燥農耕地、溪床礫石地帶。性喜喧鬧，於地面站姿挺立；擅行走，飛行優雅似燕，於空中捕捉飛蟲。群聚營巢於海岸、高位溪床之砂礫地面或短草間，以身體蹲伏地面成淺盤狀，用碎石、短樹枝當巢材。遇有干擾，會集體警戒，築巢初期常鳴叫後飛離；抱卵期則飛至空中激烈鳴叫，或做出跛行、低伏拍翅的擬傷行為，以吸引入侵者注意；育雛期更會俯衝驅趕入侵者。雌雄共同孵卵、育雛，雛鳥約2個月長成。

▲出現於海岸、溪床之砂石地或乾燥農耕地，以昆蟲為食。

▲繁殖期遇干擾會有跛行、低伏拍翅等擬傷行為。

▲非繁殖羽嘴基不紅。

▲飛行時飛翼下覆羽橙紅色。

▲幼鳥嘴全黑，有淡色羽緣。

▲性喜喧鬧，於地面站姿挺立。

▶飛行時飛羽黑褐色，尾上覆羽白色。

賊鷗科
Stercorariidae

分布於全球海洋，繁殖於高緯度極地，非繁殖期遊蕩至亞熱帶和熱帶海域。為中型海鳥，雌雄羽色相近，體色大致為黑、褐及白色。體型粗壯，嘴先端下鉤，初級飛羽基部白色，有些種類中央尾羽較長。腳短而粗壯，趾間有蹼。生活於海洋、島嶼上，飛行能力甚強，以旅鼠、魚、海洋性動物為主食，常掠奪其他海鳥口中之食物，亦會偷襲其他鳥類巢蛋，或啄食剛出生與落單的雛鳥。於苔原地面築巢，對繁殖地忠誠度高，採一夫一妻制，雌雄共同營巢、孵卵及育雛，雛鳥為早成性，需幾年才能達到成熟羽色。

灰賊鷗 *Stercorarius maccormicki*

L50~55cm.WS130~140cm

| 屬名：賊鷗屬 | 英名：South Polar Skua | 別名：南極賊鷗、麥氏賊鷗 | 生息狀況：海／迷 |

相似種

短尾賊鷗
• 體型較小，嘴較細短，翼幅較窄。
• 中央尾羽突出呈尖形。

▲繁殖於南極苔原地區，圖為中間型，林嘉瑋攝。

| 特徵 |

• 虹膜黑色。嘴黑色粗大。腳黑色。

• 有淡色、暗色、中間型三種色型，體型壯碩。淡色型頭、頸、胸以下淡灰褐色，背及尾黑褐色。暗色型全身大致暗褐色。

• 飛行時翼寬廣，翼上、下初級飛羽基部白斑醒目，中央尾略長而尖。

| 生態 |

繁殖於南極地區，非繁殖期自南半球進入北太平洋，沿西太平洋順時針北遷，從日本到北美，再順著東太平洋南移。在繁殖地於海上捕食魚類，偶爾偷食企鵝蛋及雛鳥；遷徙及越冬時則俯衝入水捕食魚類，也會撿食腐肉，或跟隨漁船撿食雜碎，較少搶奪其他海鳥食物。

◀ 淡色型，
頭、頸、胸以
下淡灰褐色，
林嘉瑋攝。

▶ 飛行時翼寬
廣，初級飛羽基
部白斑醒目。

▲暗色型全身大致暗褐色。

中賊鷗 *Stercorarius pomarinus*

L46~51cm.WS125~138cm

屬名:賊鷗屬　　英名:Pomarine Jaeger　　生息狀況:海 / 稀

相|似|種

短尾賊鷗
• 體型較小，嘴較細短，翼幅較窄。
• 中央尾羽突出呈尖形。

▲淡色型成鳥繁殖羽，中央尾羽長而突出，扭轉呈勺狀。

| 特徵 |

• 虹膜黑色。嘴厚實，淡紅或灰色，先端黑色。腳黑色。
• 有淡色、暗色、中間型三種色型。淡色型比例約占 90%，頭上半部、背面及尾黑褐色，喉、頭側及頸黃白色，上胸有黑褐色橫帶，腹部白色，下腹以下黑褐色。暗色型全身暗褐色。
• 繁殖羽中央尾羽長而突出、扭轉，末端寬圓呈勺狀。非繁殖期體色較淺而多雜斑，體側、尾上、下覆羽具黑、白橫斑。
• 幼鳥全身暗褐色，羽緣淡色形成鱗斑，翼下有橫紋。
• 飛行時初級飛羽基部及羽軸白色。

| 生態 |

繁殖於北極圈苔原帶，冬季遷徙至非洲、中東、南亞、東南亞、澳洲及加勒比海、中南美海域，遷徙時途經臺灣、馬祖海域，4、5 月北返時紀錄較多。在繁殖季以俯衝或挖掘地洞獵捕旅鼠為主食，兼食魚、小鳥、腐肉等，飛行強而有力，常掠奪其他海鳥捕獲之食物。

▲遷徙時途經臺灣海域。

短尾賊鷗 *Stercorarius parasiticus*

屬名：賊鷗屬　英名：Parasitic Jaeger　別名：賊鷗　生息狀況：海／稀

相似種

中賊鷗、長尾賊鷗
- 中賊鷗體型較大，嘴較粗長，翼幅較寬，中央尾羽突出末端呈勺狀。
- 長尾賊鷗體型較小，中央尾羽較長如飄帶，飛行時翼上僅最外側2～3枚初級飛羽羽軸白色。

▲淡色型頭上半部、背面及尾黑褐色，上胸有灰褐色胸帶。

| 特徵 |
- 虹膜黑色。嘴、腳黑色。
- 有淡色、暗色、中間型三種色型。淡色型頭上半部、背面及尾黑褐色，喉白色，頭側及頸淡黃色，上胸有灰褐色胸帶，亦有無胸帶者；腹部白色，下腹以下黑褐色。暗色型全身大致暗灰褐色，頭上黑色，頰、頸側、喉略黃。飛行時初級飛羽基部及羽軸白色。
- 繁殖羽中央尾羽較長，突出呈尖形。非繁殖期體色較淺，體側、尾上、下覆羽具黑、白橫斑。幼鳥全身褐色，羽緣淡色，翼下、脅、尾上、下覆羽有暗褐色橫斑。

| 生態 |

繁殖於北極圈苔原帶，冬季遷徙至非洲、澳洲、紐西蘭及南美洲海域，遷徙時偶爾出現臺灣海域。繁殖季以各種鳥類、鳥蛋、囓齒動物、昆蟲和漿果為食，遷徙及越冬時常掠奪其他海鳥之漁獲，方式為追逐、緊迫使其放棄漁獲，有時會跟隨漁船撿食丟棄物。

▲飛行時初級飛羽基部及羽軸白色。

賊鷗科

297

▲暗色型全身大致暗灰褐色，頭上黑色，頰、頸側、喉略黃，許映威攝。

▲偶至沿海陸地休息覓食。

▲中央尾羽突出呈尖形，淡色型繁殖羽。

▲未成鳥，背部有淡色羽緣。

▲偷食小燕鷗鳥蛋遭驅趕。

長尾賊鷗 *Stercorarius longicaudus*

屬名:賊鷗屬　　英名:Long-tailed Jaeger　　生息狀況:海 / 稀

L48~53cm.WS105~117cm

相似種

短尾賊鷗
- 體型較大，尾較短。
- 飛行時翼下初級飛羽基部白色，翼上初級飛羽 3~8 枚具白色羽軸。

▲淡色型成鳥繁殖羽，蔣忠佑攝。

| 特徵 |
- 虹膜黑色。嘴、腳黑色。
- 有淡色、暗色兩種色型。淡色型頭上半部、背面及尾黑褐色，喉、頰至後頸淡黃白色，胸、腹白色，下腹以下黑褐色。暗色型全身大致暗褐色，甚罕見。
- 繁殖羽中央尾羽細長如飄帶，突出長度達其他尾羽 2 倍以上。非繁殖期羽色較暗，中央尾羽突出短。
- 幼鳥全身褐色，羽緣淡色，翼下、脇、尾上、下覆羽有明顯黑、白橫斑。
- 飛行時翼上僅最外側 2~3 枚初級飛羽羽軸白色，翼下黑褐色。

▲繁殖羽中央尾羽細長如飄帶。

| 生態 |
繁殖於北極圈苔原帶，冬季遷徙至南極海域，遷徙時偶爾出現於臺灣海域。生活於大洋，單獨活動，除繁殖期外很少接近陸地，飛行體態輕盈。繁殖季以獵捕地面旅鼠為主食，也會攝取昆蟲、漿果及小鳥，遷徙及越冬時攝取或掠奪其他海鳥之漁獲。

▲除繁殖期外很少接近陸地，飛行體態輕盈。

▲ 飛行時翼上最外側 2~3 枚初級飛羽羽軸白色。

◀飛行時次級飛羽後緣黑色。

▶淡色型頭上半部、背面及尾黑褐色，喉、頰至後頸淡黃白色。

海雀科
Alcidae

分布於北半球北部，為小至中型海鳥，棲息於海洋、島嶼上。雌雄同色，體態似企鵝，頭大，翼、尾、腳皆短，趾間有蹼，腳位於腹部後端，停棲時身體挺直。群棲性，繁殖期頭部有飾羽，嘴色亦會變得鮮豔。擅游泳、潛水，潛泳時以翅膀划水前進，需於水面助跑後才能起飛，常貼近水面飛行。以魚類、烏賊、甲殼類為主食，集體築巢於島嶼或海岸之岩石峭壁上。

崖海鴉 *Uria aalge*

L38~43cm.WS64~71cm

屬名：海鴉屬　　英名：Common Murre　　別名：海鴿、海鴉　　生息狀況：海／迷

▲繁殖於北半球寒帶與溫帶之海岸及島嶼。

| 特徵 |
• 虹膜黑色。嘴長而尖，黑色。腳黑色，趾間有蹼。
• 繁殖羽頭、頸、背面黑色，胸以下白色。
• 非繁殖羽似繁殖羽，但頰、喉、頸側、胸以下白色，眼後有細長黑線。

| 生態 |
繁殖於北半球寒帶與溫帶之海岸及島嶼，東亞地區分布最南界為朝鮮半島與日本附近海域。擅潛水，在水中動作靈活，攝取魚類及無脊椎生物為食，飛行時貼著海面快速振翅。臺灣僅 2004 年 6 月臺南曾文溪口一筆傷鳥紀錄。

▲擅潛水，在水中動作靈活，攝取魚類及無脊椎生物為食。

301

▲非繁殖羽頰、喉、頸側及胸以下白色，林隆義攝。

▲於海島岩岸邊活動，飛行振翅快。

◀繁殖羽頭、頸、背面黑色，胸以下白色。

▲飛行時次級飛羽後緣白色。

扁嘴海雀 *Synthliboramphus antiquus*

屬名:扁嘴海雀屬　英名:Ancient Murrelet　別名:海雀　生息狀況:海 / 稀

海雀科

相似種

冠海雀
•嘴鉛色,頭頂有冠羽,後頭白色。

▲繁殖羽頭、喉黑色,眼後上方有白色粗眉紋。

| 特徵 |
- 虹膜黑色。嘴粗短,粉色或黃白色,嘴基黑色。腳灰黑色。
- 繁殖羽頭、喉黑色,眼後上方有白色粗眉紋、頸側、前頸以下白色,背部灰黑色。
- 非繁殖羽喉偏白,無白色眉紋。

| 生態 |
繁殖於阿留申群島、阿拉斯加、西伯利亞東部、日本北部及朝鮮半島外海島嶼,非繁殖期散至鄰近海域,最南至臺灣沿海,以2、3月北部岩岸海域紀錄較多,擅游泳、潛水,飛行振翅快,常貼著海面短距飛行,攝取魚、蝦等為食。

▲非繁殖羽無白色眉紋,王健得攝。

▲嘴粗短,粉色或黃白色。

303

▲頸側、胸以下白色，背部灰黑色。

◀飛行振翅快，常貼著海面短距飛行。

▶嘴短，上下厚，左右扁。

冠海雀 *Synthliboramphus wumizusume*

L24~26cm

屬名:扁嘴海雀屬　　英名:Japanese Murrelet　　別名:冠扁嘴海雀　　生息狀況:海 / 稀

海雀科

相似種

扁嘴海雀
• 嘴粉白或黃白色,後頭
　黑色,無冠羽。

▲非繁殖羽,眼先、喉、胸以下白色。

| 特徵 |
• 虹膜黑色。嘴短,鉛色。腳灰黑色。
• 繁殖羽頭上黑色具冠羽,眼上至後頭白色。
　背部灰黑色,頰、喉、頸側至胸側黑色,前
　頸、胸以下白色。
• 非繁殖羽頭上冠羽變短,眼先、喉、胸以下
　白色。

| 生態 |
繁殖於日本外海島嶼,非繁殖期散布日本周
圍海域,北至庫頁島,南至臺灣北部。喜成
群於海洋活動,擅游泳、潛水,潛泳時以翅
膀快速划水,攝取小魚、蝦蟹等為食。偶爾
出現於臺灣北部岩岸海面上,2008年2月、
2012年1月新北市三貂角馬崗漁港均曾出現,
於停留期間常進入港內及養殖池休息。

▲頭上具短冠羽。

▲偶爾出現於臺灣北部岩岸海面。

305

◀ 2012 年 1 月
攝於馬岡。

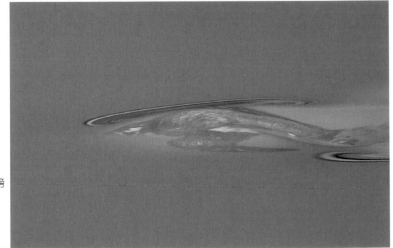

▶ 潛泳時以翅膀
快速划水。

▲非繁殖羽。

鷗科
Laridae

分布遍及全球，為小至大型水鳥。雌雄同色，以白、灰、褐色為主，體型有圓胖、粗壯或瘦長的流線型。嘴細直或粗厚，有些種類先端略呈鈎狀。翼寬長而圓或狹長而尖，擅飛行。尾短至稍長，有方尾、圓尾及叉尾；腳上有蹼，後趾短小。於海洋、島嶼和内陸水域活動，雜食性，多以魚蝦等為食。較大型之鷗類常浮游水面，或於陸地上覓食；小型的燕鷗則常俯衝入水啄食水面的魚蝦。

三趾鷗 *Rissa tridactyla*

L38~41cm.WS91~97cm

屬名：三趾鷗屬　　英名：Black-legged Kittiwake　　生息狀況：冬／稀

▲腳黑褐色，後趾完全退化，非繁殖羽。

| 特徵 |
• 虹膜暗褐色。嘴黃色。腳黑褐色，後趾完全退化。
• 繁殖羽頭至頸、胸以下至尾白色，背、肩及翼覆羽灰色，翼尖全黑。
• 非繁殖羽後頭及後頸灰色，眼後有黑色斑。
• 幼鳥似成鳥非繁殖羽，但嘴黑色，後頸及尾端有黑色橫帶，翼有黑斑。飛行時背面具深色不完整「W」形斑。

| 生態 |
廣布於北半球寒帶至溫帶水域，冬季南遷日本、中國東海海域。為海洋性鳥類，白天生活於海洋，以魚、蝦、烏賊等為主食。飛翔輕快，發現獵物，會以腳踩踏或輕掠水面淺啄，也會衝入水面獵食；有時追隨漁船，撿食船上捨棄之食物。會在海邊岩石、沙灘或堤頂上休息，有時跟其他鷗類群集過夜。

▲生活於海洋，以魚、蝦為食。

▲背、肩及覆羽灰色,翼尖全黑。

▲非繁殖羽後頭及後頸灰色,眼後有黑色斑。

▲發現獵物,會以腳踩踏或輕掠水面淺啄。

▲在海邊岩石、沙灘或堤頂上休息。

叉尾鷗 *Xema sabini*

L27~33cm.WS81~87cm

屬名：叉尾鷗屬　　英名：Sabine's Gull　　生息狀況：迷

鷗科

相似種

黑嘴鷗
• 嘴先無黃色，背面灰色較淺，腳暗紅色，飛行時背面無三色圖紋，尾羽無分叉。

▲成鳥嘴先黃色，非繁殖羽後頸灰黑色，耳羽有黑斑，林文崇2014年2月攝於布袋。

| 特徵 |
• 成鳥繁殖羽頭灰黑色，有黑色頸圈，後頸、胸以下至尾羽白色，肩、背及翼覆羽灰色，停棲時翼黑色有白斑。非繁殖羽頭轉白，後頸灰黑色，耳羽有黑斑。
• 一齡冬羽似成鳥非繁殖羽，但嘴先不黃，後頸及翼上有褐色斑，尾末端黑褐色。
• 成鳥飛行時外側初級飛羽黑色，翼後緣及內側初級飛羽白色，與灰背形成三色圖紋。腰及尾羽白色，尾羽分叉淺，似魚尾。

| 生態 |
繁殖於高緯度極地苔原帶，冬季南遷至東太平洋及東大西洋。為遠洋性鳥類，在臺灣出現於沿海泥灘及魚塭，以甲殼類、軟體動物、魚類、昆蟲等為食，飛行輕巧如燕鷗。臺灣於2013年3月、2014年2月嘉義布袋各有一筆紀錄。

▲成鳥飛行時外側初級飛羽黑色，翼後緣及內側初級飛羽白色，與灰背形成三色圖紋，林文崇攝。

◀一齡冬羽，嘴黑色，翼上有褐色斑，尾末端有黑斑，林文崇攝。

▶左二，與紅嘴鷗混群，腰及尾羽白色，尾羽分叉淺，林文崇攝。

▲出現於沿海泥灘及魚塭，一齡冬羽，2013 年 3 月攝於布袋。

310

黑嘴鷗 *Saundersilarus saundersi*

屬名:黑嘴鷗屬　　英名:Saunders's Gull　　別名:黑頭鷗　　生息狀況:冬 / 不普

| 相 | 似 | 種 |

紅嘴鷗

• 嘴較尖細，初級飛羽末端無白斑。
• 繁殖羽嘴、腳暗紅色，頭黑褐色。
• 非繁殖羽嘴紅色；飛行時翼上前緣白色。

▲停棲時翼尖黑，有明顯白斑，非繁殖羽。

| 特徵 |

• 虹膜暗褐色。嘴黑色厚實。腳暗紅色。
• 繁殖羽頭黑色，眼瞼、頸部及胸以下白色，背、肩及翼覆羽灰色。
• 非繁殖羽頭白色，眼後方有黑斑，頭頂有暗褐色斑。
• 飛行時，翼後緣白色，初級飛羽末端有黑色斑點，翼下初級飛羽黑色，外緣白色；尾上、下覆羽及尾羽白色。
• 幼鳥似成鳥非繁殖羽，但背部略帶褐色，翼羽有褐色斑，尾羽末端褐色。

| 生態 |

繁殖於中國東北海岸，冬季遷移至日本南部、南韓、中國東南沿海、越南北部及臺灣西海岸度冬。出現於海岸、河口、潮間帶及草澤，以魚類、甲殼類及水生昆蟲為主食，常於泥灘上步行或間歇低飛落停覓食。臺灣主要分布於西部沿岸，高美溼地、彰濱海岸、嘉義東石、布袋、臺南北門等地區均有度冬紀錄。由於族群稀少，名列全球「易危」鳥種。

▲繁殖羽頭、頸黑色，眼瞼白色醒目。

311

▲飛行時初級飛羽末端有黑色斑點，繁殖羽。

▲出現於海岸、河口、潮間帶及草澤。

▲一齡冬羽，尾羽末端具褐色帶。

▲非繁殖羽眼後方有黑斑。

▲ 在泥灘、潮間帶間歇
低飛停落覓食。

◄ 肩、背及翼
上淺灰色。

► 一齡冬羽，翼羽
有褐色斑，尾羽末
端黑褐色。

313

細嘴鷗 *Chroicocephalus genei*

L42~44cm.WS102~110cm

屬名：紅嘴鷗屬　　英名：Slender-billed Gull　　生息狀況：迷

> **相似種**
>
> **紅嘴鷗**
> • 體型較小，虹膜黑褐色，嘴較短，嘴端黑色。繁殖羽頭黑褐色，非繁殖羽眼後黑褐色斑較大而明顯。飛行時頭較圓、頸較短，背面灰色較深。

▲ 2017 年 3 月攝於臺東太平溪口。

| 特徵 |

• 虹膜暗紅色。嘴細長，暗紅色至近黑，腳暗紅色。
• 繁殖羽頭、頸、胸以下白色，腹面帶粉紅色，肩、背、翼覆羽淺灰色，尾羽白色。停棲時翼尖黑色，無白斑。
• 非繁殖羽腹面粉紅色消失，嘴、腳紅色，眼後方有淡褐色斑。
• 一齡冬羽似成鳥非繁殖羽，但虹膜黃白色，嘴橘色，腳黃色。翼有褐色斑，尾羽末端黑褐色。
• 飛行時頭較平、頸較長，初級飛羽外側白色，末端黑色。

| 生態 |

分布於西歐、北非、中東、中亞及巴基斯坦、印度西北等地區，韓國、日本、華南沿海、香港偶有紀錄，分布地距離臺灣遙遠。於海灘、河口、鹹水湖泊、沼澤或鹽田活動，以小魚、甲殼類、水生昆蟲及軟體動物等為食。臺灣於 2013 年 12 月嘉義布袋、2017 年 3 月臺東太平溪口各有一筆紀錄，與紅嘴鷗混群覓食。

▲繁殖羽頭、頸、胸以下白色，腹面帶粉紅色。

鷗科

▲以小魚、甲殼類、水生昆蟲及軟體動物等為食。

▶一齡冬羽，尾羽有黑褐色末端帶。

▲飛行時頭較平、頸較長，初級飛羽外側白色，末端黑色。

▲一齡冬羽，虹膜黃白色，嘴橘色，腳黃色，翼有褐色斑。

▲成鳥虹膜暗紅色。嘴細長，暗紅色至近黑。

315

澳洲紅嘴鷗 *Chroicocephalus novaehollandiae*

L38~43cm.WS91~96cm

屬名:紅嘴鷗屬　　英名:Silver Gull　　別名:紐西蘭紅嘴鷗　　生息狀況:迷

| 相 似 種 |

紅嘴鷗
• 虹膜暗褐色，無紅眼圈，嘴較細，繁殖羽頭黑褐色，飛行時外側初級飛羽近翼尖處無白斑。

▲成鳥頭、頸、胸、腹至尾羽白色，肩、背及翼覆羽淺灰色，賴威利攝。

| 特徵 |
• 虹膜黃白色，眼圈紅色。嘴、腳深紅色。
• 成鳥頭、頸、胸、腹至尾羽白色，肩、背及翼覆羽淺灰色，停棲時翼尖黑色有細白斑。
• 一齡多羽虹膜暗褐色，嘴暗褐色，先端黑色，腳暗黃褐色，背及翼上有褐色斑，尾羽末端有褐色橫帶。
• 飛行時外側初級飛羽黑色，近翼尖處有白斑。

| 生態 |
分布於澳洲、紐西蘭，於海灘、港灣、河口、內陸水域及公園等活動，以小魚、甲殼類、軟體動物、昆蟲及腐肉等為食，不怕人，有搶食行為，常於人類居處附近活動覓食，為大自然的清道夫。臺灣於2010年12月基隆港區有一筆紀錄。

▲飛行時外側初級飛羽黑色，近翼尖處有白斑，賴威利攝。

鷗科

紅嘴鷗 *Chroicocephalus ridibundus*

L37~43cm.WS94~110cm

屬名:紅嘴鷗屬　　英名:Black-headed Gull　　生息狀況:冬 / 普

相 似 種

黑嘴鷗、棕頭鷗

• 黑嘴鷗嘴黑色較厚實,初級飛羽末端有白斑,繁殖羽頭部黑色,不帶褐色,飛行時翼後緣白色。
• 棕頭鷗體型較大,虹膜淡黃色,翼尖具白色塊斑。

鷗科

▲繁殖羽頭前半部黑褐色,眼瞼白色。

| 特徵 |

• 虹膜暗褐色。嘴、腳暗紅色。
• 繁殖羽頭前半部黑褐色,眼瞼白色,後頭至頸、胸以下白色,背、肩及翼覆羽灰色。
• 非繁殖羽嘴紅色,先端黑色,頭白色,眼上至頭頂有淡褐色斑,眼後方有黑褐色斑點。
• 幼鳥似成鳥非繁殖羽,但嘴橘色,翼覆羽有褐色斑,尾羽末端黑褐色。
• 飛行時,翼上前緣白色,初級飛羽末端黑色;翼下初級飛羽黑色,外緣白色;尾上、下覆羽及尾羽白色。

| 生態 |

繁殖於歐亞大陸,冬季南遷至非洲、印度、中國、東南亞等地。出現於海岸、河口、湖泊、魚塭及鹽田等地帶,停棲於沙灘或水中突出物,擅游泳,常成幾百隻之大群於水面漂浮。以魚蝦和甲殼類為食,覓食時由空中撿食水面食物,或浮游水面半潛入水中啄食,亦常漫步撿食。

▲非繁殖羽眼上至頭頂有淡褐色斑,眼後有黑斑。

▲飛行時翼上前緣白色，初級飛羽末端黑色。

▲一齡冬羽，翼有褐色斑，尾羽末端黑褐色。

▲出現於海岸、河口、湖泊、魚塭及鹽田等地帶，非繁殖羽。

▲常聚成幾百隻之大群度冬。

棕頭鷗 *Chroicocephalus brunnicephalus*

屬名：紅嘴鷗屬　　英名：Brown-headed Gull　　生息狀況：迷

相似種

紅嘴鷗
- 虹膜暗褐色，嘴較細。
- 體型較小，翼尖無白色塊斑。

▲成鳥非繁殖羽眼後方有褐色斑。

| 特徵 |
- 虹膜淡黃或灰色。嘴、腳暗紅色。
- 繁殖羽頭前半部黑褐色，眼瞼白色，後頭至頸、胸以下白色，背、肩及翼覆羽灰色。
- 非繁殖羽嘴、腳紅色，嘴先黑色。頭白色，眼後方有褐色斑。
- 幼鳥似成鳥非繁殖羽，但背部略帶褐色，翼尖無白色塊斑，尾羽末端黑色。
- 飛行時，初級飛羽末端黑色，基部白色，第一、二枚黑色翼尖具白色塊斑。尾羽白色。

▲與紅嘴鷗混群，體型較大，虹膜淡黃色。

| 生態 |

繁殖於亞洲中部，冬季南遷至印度、中國及東南亞度冬。出現於海岸、河口、魚塭及鹽田等地帶，與紅嘴鷗混群，2006 年、2008 年布袋鹽田及 2008 年宜蘭下埔各有一筆紀錄。

▲翼尖黑色具白斑。

小鷗 *Hydrocoloeus minutus*

屬名:小鷗屬　　英名:Little Gull　　生息狀況:迷

鷗科

▲一齡冬羽翼覆羽黑褐色。

| 特徵 |

- 虹膜黑色。嘴細短,暗紅色至黑色。腳紅色。
- 繁殖羽頭黑色,後頸、尾上覆羽及尾羽白色,背面淺灰色,腹面白色。非繁殖羽頭白色,頭上灰黑色,耳羽有黑斑。
- 成鳥飛行時翼下覆羽灰黑色,翼後緣白色,尾略凹。
- 幼鳥似成鳥非繁殖羽,但翼覆羽黑褐色,飛行時翼上具黑色似「M」形圖紋,翼下覆羽白色,尾端黑色。

| 生態 |

繁殖於西伯利亞及蒙古、北歐、東歐及北美洲,越冬於南歐、北非、中國東部沿海及美國東部。於內陸繁殖,棲息於湖泊、沼澤及河川地帶,非繁殖季則多見於海岸、河口。以魚類、甲殼類、軟體動物、昆蟲等為食,飛行輕盈如燕鷗,入水時腳先下懸踩踏水面,或直接俯衝取食。

▲非繁殖季則多見於海岸、河口。

▲幼鳥飛行時翼上具黑
色似「M」形圖紋。

◀飛行輕盈如燕
鷗，入水時腳先
下懸踩踏水面，
或直接俯衝取食。

▶背面淺灰色，腹
面白色。

321

笑鷗 *Leucophaeus atricilla*

L39~46cm.WS98~110cm

屬名：豚鷗屬　　英名：Laughing Gull　　生息狀況：迷

▲繁殖羽頭黑色，眼上、下緣白色。

| 特徵 |

- 虹膜深褐色。繁殖羽嘴、腳暗紅色，頭黑色，眼上、下緣白色。背、肩及翼覆羽深灰色，頸、腹面及尾白色。
- 非繁殖羽嘴、腳黑色，頭白色，眼後至後頭有黑褐色斑。
- 幼鳥頭及背面有褐色斑，尾羽末端黑色。
- 飛行時，翼上深灰色，翼後緣白色，初級飛羽末端黑色。

| 生態 |

繁殖於北美洲東北部、東部、南部及南美洲北部大西洋沿岸。本種因叫聲似笑聲而得名，雜食性，以魚蝦、昆蟲等為食，亦會撿食食物。2008 年 11 月嘉義布袋鹽田、2010 年 2 月宜蘭烏石港各有一筆紀錄。

相似種
紅嘴鷗、弗氏鷗
- 紅嘴鷗嘴較尖細，非繁殖羽嘴紅色，背灰色。
- 弗氏鷗嘴較細，飛行時初級飛羽末端白色。

▲非繁殖羽頭白色，眼後至後頭有黑褐色斑。

鷗科

▲飛行時翼後緣白色，
初級飛羽末端黑色。

◀一齡冬羽頭及
背面有褐色斑，
尾羽末端黑色。

▶與紅嘴鷗混群。

弗氏鷗 *Leucophaeus pipixcan*

L32~36cm.WS85~95cm

屬名：豚鷗屬　　英名：Franklin's Gull　　別名：富蘭克林鷗、富氏鷗　　生息狀況：迷

相似種

紅嘴鷗、笑鷗

- 紅嘴鷗繁殖羽頭僅前半部黑褐色，飛行時初級飛羽末端無白色。
- 笑鷗嘴較厚而長，飛行時初級飛羽末端無白色。

▲繁殖羽嘴、腳紅色，頭黑色，眼上、下緣白色粗而醒目。

| 特徵 |

- 虹膜深褐色。繁殖羽嘴、腳紅色。頭黑色，眼上、下緣白色粗而醒目，頸部、腹面、尾羽白色，背、肩及翼覆羽深灰色。
- 非繁殖羽嘴黑色，先端紅色，腳暗紅色。頭白色，眼上至頭頂灰黑色，眼後下方至後頭黑色。
- 飛行時次級飛羽後緣白色寬而明顯，初級飛羽末端白色，內側黑色。

| 生態 |

繁殖於北美洲內陸湖泊，冬季南遷至中、南美洲太平洋沿岸。非繁殖季出現於海岸地帶，偏好沙灘環境，於浪花間獵食小魚，或於沙灘步行捕食蟹類，亦會至內陸水澤覓食昆蟲、螺貝等。臺灣僅 2004 年 5 月曾文溪口、2006 年 5 月蘭陽溪口及 2009 年 7 月南澳溪口 3 筆紀錄。其中 2009 年 7 月於南澳發現之個體為繁殖羽，頭部全黑，10 日後再出現於蘭陽溪口時，嘴已開始轉黑，頭近嘴基處轉為白色，已開始轉換非繁殖羽。

▲飛行時次級飛羽後緣白色寬而明顯。

▲與鳳頭燕鷗混群。

▲偏好沙灘環境，於浪花間獵食小魚，或於沙灘步行捕食蟹類。

▲頸部、腹面、尾羽白色，背、肩及翼覆羽深灰色。

▲ 2009 年 7 月攝於宜蘭。

▶繁殖羽胸、腹略帶粉紅色。

遺鷗 *Ichthyaetus relictus*

屬名：漁鷗屬　　英名：Relict Gull　　生息狀況：迷（金門）

L39~45cm

相似種

紅嘴鷗
• 體型較小，嘴較細長，停棲時翼尖白斑不明
顯或無，飛行時外側初級飛羽末端無白斑。

▲繁殖羽頭黑褐色，眼上、下緣白色，嘴、腳深紅色，郭偉修攝。

| 特徵 |

• 虹膜暗褐色。嘴粗短，深紅色。腳深紅色。
• 繁殖羽頭黑褐色，眼上、下緣白色，後頭至頸、胸
　以下白色，背、肩及翼覆羽灰色。停棲時翼尖黑色
　有明顯白斑。
• 非繁殖羽嘴暗褐色，頭白色，頭上、頸有褐色斑紋。
• 一齡冬羽似非繁殖羽，但嘴、腳近黑色，後頸及翼
　上有褐色斑，尾羽末端黑褐色。
• 飛行時翼前、後緣白色，外側初級飛羽末端黑色有
　明顯白斑。

▲非繁殖羽，嘴暗褐色，頭白色，頭上、
頸有褐色斑紋，林泉池攝。

| 生態 |

繁殖於內蒙古、俄羅斯、哈薩克及中國等地，越冬主
要地在中國天津沿海的渤海西海岸及韓國。遺鷗因為
在鷗科最晚被人類發現而得名，棲息於乾旱或荒漠地
帶的湖泊、溼地及沿海溼地，以水生昆蟲、小魚、甲
殼類、水生無脊椎動物為主食，也會獵捕小鳥及哺乳
動物。

▶一齡冬羽嘴、腳近黑色，後
頸及翼上有褐色斑，尾羽末端
黑褐色，董森堡攝。

漁鷗 *Ichthyaetus ichthyaetus*

屬名:漁鷗屬　　英名:Pallas's Gull　　生息狀況:冬 / 稀

▲繁殖羽頭黑色，喉、胸以下白色，背、肩及翼覆羽深灰色。

鷗科

| 特徵 |

- 虹膜深褐色。嘴黃色，先端紅色，間有黑色環帶。腳黃色。
- 繁殖羽頭黑色，喉、胸以下白色，背、肩及翼覆羽灰黑色；非繁殖羽頭轉白，頭頂至眼後殘留灰黑色，背部灰色。
- 飛行時初級飛羽灰色，末端有黑斑。
- 幼鳥似成鳥非繁殖羽，但背面有褐色斑，尾羽末端黑色。

| 生態 |

繁殖於西亞、中亞至內蒙古，度冬於中東、南亞及中南半島沿海。單獨出現於海岸、河口、沙洲或泥灘等地帶，主要食物為魚、蝦、昆蟲、雜碎等，八掌溪口偶有度冬紀錄。

▲單獨出現於海岸、河口、沙洲或泥灘等地帶，非繁殖羽。

▶一齡冬羽，背面有褐色斑，尾羽末端黑色。

327

▲飛行時初級飛羽灰色，末端有黑斑。

▲八掌溪口偶有度冬記錄。

▲飛行時背面灰色。

▲與其他銀鷗混群。

黑尾鷗 *Larus crassirostris*

L43~51cm.WS126~128cm

屬名：鷗屬　英名：Black-tailed Gull　生息狀況：冬、過／不普，夏、過／普（馬祖）

▲繁殖羽頭至頸、胸以下白色。

| 特徵 |

- 虹膜淡黃色。嘴黃色，先端紅色，內側有黑色環帶。腳黃色。
- 繁殖羽頭至頸、胸以下白色，背、肩及翼覆羽暗鼠灰色。非繁殖羽似繁殖羽，但頭、頸有灰褐色斑。停棲時翼超出尾羽甚長。
- 飛行時翼後緣白色，初級飛羽黑色，尾上覆羽、尾羽白色，尾羽末端有黑色橫帶。
- 幼鳥虹膜深褐色，嘴、腳粉紅色，嘴先黑色。全身大致褐色，尾羽黑褐色，羽色隨著成長而變化。

| 生態 |

分布於俄羅斯東南、日本、南韓、中國東部，常成小群出現於近海島嶼、礁岩、沙洲、河口及漁港。以小魚、軟體動物、甲殼類及內臟爲食。馬祖東引島有繁殖紀錄，臺灣本島北部、東北部及西南沿海有越冬族群，其中幼鳥數量明顯多於成鳥。

▲飛行時翼後緣白色，尾羽末端有黑色橫帶。

相似種

灰背鷗、海鷗

- 灰背鷗嘴先端內側無黑斑，尾羽無黑色橫帶。
- 海鷗嘴無紅色及黑色斑，初級飛羽末端黑色，有白色斑點，尾羽無黑色橫帶。

鷗科

329

▲一齡冬羽全身大致褐色，尾羽黑褐色。

▲非繁殖羽頭及頸有褐色斑。

▲親鳥與雛鳥。

▲二齡冬羽，翼覆羽有褐色斑。

▲一齡冬羽。

◀一齡冬羽全身大致
褐色，嘴、腳粉紅
色，嘴先黑色。

▶馬祖東引島有繁
殖記錄。

海鷗 *Larus canus*

L41~46cm.WS110~125cm

屬名:鷗屬　　英名:Mew Gull / Common Gull　　生息狀況:冬 / 稀

相似種

黑尾鷗
- 嘴尖紅色,內側有黑色環帶。
- 背部羽色較深,尾羽末端有黑色橫帶。
- 幼鳥全身羽色較暗。

▲非繁殖羽頭至頸部有淡褐色細斑,有時嘴先端有暗色環帶。

| 特徵 |
- 虹膜淡黃色。嘴小、黃色。腳黃綠色。
- 繁殖羽頭至頸部、胸以下白色,背、肩及翼覆羽灰色。非繁殖羽頭至頸部有淡褐色細斑,有時嘴先端有暗色環帶。
- 飛行時翼前緣及後緣白色,初級飛羽末端黑色有白斑,尾上覆羽、尾羽白色。
- 幼鳥體羽具褐色斑紋,尾羽末端有黑色橫帶。

▲出現於海岸、河口、港口、內陸水域等地帶。

| 生態 |
廣布於歐亞大陸、阿拉斯加及北美洲西部,繁殖於東亞之族群越冬於日本、韓國、中國沿海及東南亞。出現於海岸、河口、港口、內陸水域等地帶,喜於漁港出沒,低飛或於水面浮游撿食魚、蝦、軟體動物,亦食昆蟲、貝類等。

▲飛行時翼前緣及後緣白色,初級飛羽末端黑色有白斑。

▲一齡冬羽體羽具褐色
斑紋，尾羽末端有黑色
橫帶。

◀一齡冬羽嘴粉色，
嘴先黑。

▶成鳥尾上覆羽及
尾羽白色。

銀鷗 *Larus argentatus*

L55~68cm.WS125~150cm

屬名:鷗屬　　英名:Herring Gull　　別名:織女銀鷗　　生息狀況:冬／稀

鷗科

相似種
•見 P.342「銀鷗成鳥辨識一覽表」。

▲ *vegae* 亞種非繁殖羽，頭至後頸、頸側至胸側具深色縱紋。

| 特徵 |

• 成鳥虹膜淺黃至偏褐。嘴黃色，下嘴先端有紅色斑點。腳肉色、粉紅色至黃色。

• *vegae* 亞種（織女銀鷗 Vega Gull）腳粉紅色，繁殖羽頭至頸、胸以下白色，背、肩及翼覆羽灰色。非繁殖羽頭至後頸、頸側至胸側具深色縱斑，髒汙感明顯。

• *mongolicus* 亞種（蒙古銀鷗 Mongolian Gull）腳多數黃色，體型較修長，繁殖羽頭至頸、胸以下白色，背、肩及翼覆羽淡灰色。非繁殖羽頭無斑紋，後頸具稀疏細斑。

• 飛行時，初級飛羽末端黑色，*vegae* 亞種末端黑斑通常至 P5，P9~10 末端具白色翼斑。*mongolicus* 亞種末端黑斑通常至 P4，P9~10 末端具較大白色翼斑，許多個體 P10 末端全白。尾上覆羽、尾羽白色。

| 生態 |

繁殖於北美洲及歐亞大陸北溫帶地區，*vegae* 亞種繁殖於俄羅斯北部及西伯利亞東北，越冬至日本、韓國及中國東南部；*mongolicus* 亞種繁殖於新疆阿爾泰山東南、貝加爾湖至蒙古、中國東北及韓國，越冬於中國東南沿海至南亞。四年成熟，單獨或小群出現於海岸、河口、潮間帶及魚塭等地帶，雜食性，主要食物為魚、蟹、腐肉、雜碎等，會掠奪其他海鳥食物。

▲ *vegae* 亞種背、肩及翼覆羽灰色，非繁殖羽。

▲ *mongolicus* 亞種繁殖羽，頭至頸、胸白色，背、肩及翼覆羽淡灰色。

▲ *mongolicus* 亞種非繁殖羽後頸具稀疏細斑。

▲ *vegae* 亞種非繁殖羽頭至後頸、頸側至胸側具深色縱紋。

▲ *vegae* 亞種非繁殖羽，初級飛羽 P9~P10 末端具白色小翼斑。

▶ *vegae* 亞種一齡冬羽，全身大致淡褐色，具暗色軸斑及縱斑。

▲ *vegae* 亞種二齡冬羽,體背灰色。

◀ *vegae* 亞種三齡冬
羽,體背灰色,翼覆
羽仍有褐色斑。

▲ *mongolicus* 亞種三齡冬羽,嘴粉色先端黑,體背
淡灰,尾羽仍有黑褐色斑。

◀ *mongolicus* 亞種一齡
冬羽體羽偏淡。

◀ *mongolicus* 亞
種非繁殖羽，出
現於海岸、河
口、鹽田及魚塭
等地帶。

▶ *mongolicus*
亞種非繁殖羽，
P10末端全白。

▲ *vegae* 亞種非繁殖羽。

小黑背鷗 *Larus fuscus*

L51~61cm.WS124~158cm

屬名：鷗屬　　英名：Lesser Black-backed Gull　　別名：灰林銀鷗　　生息狀況：冬／稀

相似種

• 見 P.342「銀鷗成鳥辨識一覽表」。

▲ *heuglini* 亞種背、肩及翼覆羽深灰色，非繁殖羽。

| 特徵 |

• 虹膜淺黃色。嘴黃色，下嘴先端有紅色斑點。腳黃色，亦有粉紅色個體。

• *heuglini* 亞種繁殖羽頭至頸部、胸以下白色，背、肩及翼覆羽深灰色。非繁殖羽眼周圍、頭上至後頸、頸側具縱斑。

• 飛行時，初級飛羽 P4~P10 末端黑色，尖端白色；大部分僅 P10 末端具白色翼斑，少數個體 P9 亦具白色小翼斑。尾上覆羽、尾羽白色。

▲非繁殖羽，眼周、頭上至後頸、頸側具縱斑。

| 生態 |

出現於臺灣者為 *heuglini* 亞種，繁殖於西伯利亞北部，越冬於中東南部至非洲東部、印度、中國東部、日本及韓國南部，3 年成熟。單獨或小群出現於海岸、河口、潮間帶及魚塭等地帶，雜食性，主要食物為魚、腐肉、雜碎、昆蟲等，喜至魚塭低飛盤旋俯衝覓食。

▲繁殖羽頭至頸、胸以下白色。

▲通常僅 P10 末端具白色小翼斑，3 月時後頸仍具縱斑。

▲一齡冬羽，頭、腹面白色，頭、頸及腹側有暗色縱紋。

▲單獨或小群出現於海岸、河口、潮間帶及魚塭。

◀腳通常黃色。

灰背鷗 *Larus schistisagus*

L55~67cm.WS132~148cm

屬名：鷗屬　　英名：Slaty-backed Gull　　別名：大黑脊鷗　　生息狀況：冬／稀

相似種
• 見P.342「銀鷗成鳥辨識一覽表」。

▲繁殖羽頭至頸部、胸以下白色，背、肩及翼覆羽灰黑色。

| 特徵 |
• 虹膜淺黃色。嘴黃色，下嘴先端有紅色斑點。腳粉紅色。
• 繁殖羽頭至頸部、胸以下白色，背、肩及翼覆羽灰黑色。非繁殖羽頭及頸具褐色縱紋。
• 飛行時翼後緣白色，背部、翼上覆羽與初級飛羽末端羽色一致。尾上覆羽、尾羽白色。

▲嘴黃色，下嘴先端有紅色斑點，腳粉紅色。

| 生態 |
繁殖於西伯利亞東部沿海及日本北部，冬季南遷至日本、朝鮮半島及中國沿海越冬，4年成熟。出現於海邊岩礁、河口沙洲或泥灘等地帶，雜食性，主要食物為魚、蟹、腐肉、雜碎等，會掠奪其他海鳥食物。

▲出現於海邊岩礁、河口沙洲或泥灘等地帶。

鷗科

▲飛行時初級飛羽 P5~P10 具白斑，形成白色珠串。

▲飛行時翼後緣白色，背部、翼上覆羽與初級飛羽末端羽色一致。

▲非繁殖羽頭及頸具褐色縱紋。

▲成鳥與幼鳥。

▲一齡冬羽。

▶二齡冬羽。

◆銀鷗成鳥辨識一覽表

特徵 鳥種	非繁殖羽	背面羽色	嘴	腳色	飛羽特徵	頭型
銀鷗 （織女銀鷗）	頭至後頸、頸側至胸側具深色縱斑，髒汙感明顯	灰色	嘴粗厚，黃色，下嘴先端有紅色斑點	肉色至鮮粉紅色	停棲時，初級飛羽末端白點稍大。飛行時，初級飛羽末端黑斑通常至 P5，P9~10 末端具白斑	額通常較平
銀鷗 （蒙古銀鷗）	頭無斑紋，僅後頸具稀疏細斑	淡灰色	黃色，下嘴先端紅斑較小，多數個體上、下嘴先端內緣有細黑斑	淡粉紅色，亦有偏黃個體	停棲時，初級飛羽末端白點較大。飛行時，多數個體初級飛羽末端黑斑達 P4，P9~10 末端白斑較大，許多個體 P10 末端全白	額通常較陡，頭型顯得較圓
小黑背鷗	眼周圍、頭上至後頸、頸側具縱斑	深灰色	嘴較細長，黃色，下嘴先端紅色斑點較大	黃色，亦有粉紅色個體	停棲時，初級飛羽末端白點小。飛行時，通常至 P4 末端有黑斑；大部分僅 P10 末端具白斑，少數個體 P9 亦具小白斑	頭較小、頸顯得較長
灰背鷗	頭及頸具褐色縱紋	灰黑色	嘴粗厚，黃色，下嘴先端有紅色斑點	粉紅色鮮明	停棲時，初級飛羽末端白點較大。飛行時背部、翼上覆羽灰黑色，與初級飛羽末端黑色對比不明顯	頭型大而圓

北極鷗 *Larus hyperboreus*

L64~77cm.WS132~142cm

屬名：鷗屬　　英名：Glaucous Gull　　別名：白鷗　　生息狀況：迷

▲非繁殖羽頭頂、頸、背及頸側具褐色縱紋，體色極淡，陳世中攝。

| 特徵 |

- 虹膜、眼圈黃色。嘴黃色，下嘴先端帶紅點。腳粉紅色。
- 繁殖羽頭至頸部、胸以下白色。背、肩及翼覆羽淺灰色，羽色較其他大鷗淺許多。
- 非繁殖羽頭頂、頸、背及頸側具褐色縱紋。

| 生態 |

繁殖於歐亞大陸及北美洲極北圈，越冬於繁殖區以南沿海地區，4 年成熟。出現於海岸、港灣、潮間帶及河口等地帶，雜食性，主要食物為魚、蟹、昆蟲、腐肉及雜碎等，會在垃圾堆裡尋找食物。臺灣僅 1991 年 12 月宜蘭蘭陽溪口一筆紀錄。

▲一齡冬羽，陳世中攝。

▲二齡冬羽，陳世中攝。

玄燕鷗 / 白頂玄燕鷗 *Anous stolidus* 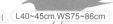 ⏢ L40~45cm.WS75~86cm

屬名:玄燕鷗屬　　英名:Brown Noddy　　別名:白頂燕鷗　　生息狀況:夏/稀

鷗科

▲ 全身大致暗褐色，額至前頭銀白色，頭頂淡灰色。

| 特徵 |

- 虹膜深褐色，有不完整白色眼圈。嘴、腳黑色。
- 全身大致暗褐色，額至前頭銀白色，頭頂淡灰色。初級飛羽、尾羽黑色。
- 飛行時，尾羽有時展開呈分叉狀。

| 生態 |

棲息於熱帶及亞熱帶地區島嶼或海岸之礁岩、峭壁上。為澎湖地區局部普遍夏候鳥，主要繁殖於貓嶼及少數離島，臺灣東北角偶有紀錄。以小魚或軟體動物為主食，多於海面低飛或雙腳踩水獵食，有時成群在水面漂浮，繁殖時結群築巢於具遮蔽的礁岩凹處或石縫。

相似種

黑玄燕鷗

- 體型較小，羽色較深，頭頂白色範圍較大。
- 嘴較細長而尖直。尾羽較短而偏灰，停棲時翼尖超出尾羽。
- 飛行時振翅急而輕快，翼下覆羽與身體、飛羽顏色較一致。

▲ 飛行時，尾羽有時展開呈分叉狀。

▲成群停棲於礁岩。

◀額至前頭銀白色，
頭頂淡灰色。

▶棲息於島嶼或海
岸之礁岩、峭壁
上。

345

黑玄燕鷗 *Anous minutus*

L35~39cm.WS 66~72cm

屬名:玄燕鷗屬　　英名:Black Noddy　　生息狀況:迷

▲全身大致暗褐色。

| 特徵 |
- 虹膜深褐色,有不完整白色眼圈。嘴黑色,細長而尖。腳黃褐色。
- 全身大致暗褐色,似玄燕鷗,但體型較小,羽色較深,嘴較細長而尖直,額至頭頂白色,範圍較大。尾羽較短而偏灰,停棲時翼尖超出尾羽。
- 飛行時振翅急而輕快,翼下覆羽與身體、飛羽顏色較一致。

| 生態 |
分布於太平洋、加勒比海、大西洋及印度洋之熱帶及亞熱帶海域,棲息於島嶼或海岸之礁岩、峭壁上,以小魚、軟體動物、甲殼類為主食,多於海面低飛或雙腳踩水獵食,有時成群在水面漂浮。臺東三仙臺於 2013 年 5 月及 2018 年 5 月各有一筆紀錄。

相似種

玄燕鷗
- 體型較大,羽色較淺,頭頂白色範圍較小。
- 嘴較粗短、上嘴先端略下彎。停棲時翼尖與尾羽約等長。飛行時振翅較緩而有力。
- 翼下覆羽較淺,與身體及飛羽有色差。

▲似玄燕鷗,但體型較小,羽色較深,嘴較細長而尖直,額至頭頂白色,範圍較大。

▲多於海面低飛或雙腳踩水獵食。

▲翼下覆羽與身體、飛羽顏色較一致。

▲飛行振翅急而輕快。

▲以小魚、軟體動物、甲殼類為主食。

▲ 2018 年 5 月攝於臺東三仙臺。

烏領燕鷗 *Onychoprion fuscatus*

L36~45cm.WS82~94cm

屬名：褐翅燕鷗屬　英名：Sooty Tern　別名：烏燕鷗　生息狀況：夏、過 / 稀

鷗科

▲飛行時翼前緣及尾羽外側白色。

▲烏領燕鷗為海洋性鳥類。

| 特徵 |
- 虹膜深褐色。嘴、腳黑色。
- 成鳥額白色，過眼線、頭上至後頸黑色，背面黑褐色，腹面白色。
- 飛行時翼前緣、尾羽外側白色。翼下覆羽白色，翼後緣及初級飛羽黑褐色，尾羽分叉深。
- 幼鳥全身黑褐色，背面有灰白色羽緣，尾下覆羽白色。

▲幼鳥全身黑褐色，背面有灰白色羽緣。

| 生態 |
廣布於全球熱帶海域，出現於海岸礁岩、島嶼地帶，為澎湖離島稀有夏候鳥及過境鳥，偶見於臺灣海岸，常被颱風吹進內陸。覓食時於海面低飛，發現獵物時快速鼓翼張尾，頭喙順勢下甩啄食，食物以小魚、軟體動物、甲殼類為主。

▲一齡冬羽。

相似種

白眉燕鷗
- 白額窄，且延伸成眉線。
- 後頸與背交接處灰白色，背面羽色較淡。

白眉燕鷗 *Onychoprion anaethetus*

屬名:褐翅燕鷗屬　　英名:Bridled Tern　　別名:褐翅燕鷗　　生息狀況:夏 / 不普

相 似 種

烏領燕鷗
• 白額範圍較大，不延伸成眉線。
• 後頸至背黑色，背面羽色較暗。
• 幼鳥全身暗褐色。

▲澎湖、馬祖及基隆棉花嶼有繁殖。

| 特徵 |

• 虹膜深褐色。嘴、腳黑色。
• 成鳥眉線白色，過眼線、頭上至後頸黑色，後頸與背交接處灰白色，背面暗褐色。腹面白色，
　胸部帶淡粉色。
• 飛行時翼前緣、尾羽外側、翼下覆羽白色，翼後緣及初級飛羽暗灰色，尾羽分叉深。
• 幼鳥羽色較淡，額至前頭白色，背部有淡色羽緣。
• 停棲時，翼與尾羽約等長。

| 生態 |

棲息於大西洋、印度洋及太平洋熱
帶海洋島嶼之岩石峭壁上，臺灣主
要繁殖於澎湖、馬祖離島及基隆外
海的棉花嶼。為澎湖繁殖數量最多
的燕鷗，其中貓嶼是最大繁殖地，
臺灣沿海則零星出現。築巢於岩
地、草地或岩壁凹處，常低飛貼近
海面追逐魚群，通常輕掠水面啄食
小魚。

▲常停棲於海面漂流物上。

▲飛行時翼前緣、尾羽外側、翼下覆羽白色。

▲幼鳥羽色較淡，額至前頭白色。

▲過眼線、頭上至後頸黑色，後頸與背交接處灰白色，背面暗褐色。

◀翼前緣白色醒目。

▶為澎湖繁殖數量最多的燕鷗。

351

白腰燕鷗 *Onychoprion aleuticus*

L32~38.4cm.WS75~80cm

屬名:褐翅燕鷗屬　　英名:Aleutian Tern　　生息狀況:過/不普

相似種

燕鷗

- 似燕鷗嘴、腳全黑之亞種，但燕鷗繁殖羽額黑色。
- 飛行時翼上前、後緣白色不明顯。
- 尾羽外側近黑。

▲繁殖羽額、頰白色，過眼線、頭上至後頸黑色，頸、胸至腹淡紫灰色，翼下後緣近黑，王容攝。

| 特徵 |

- 虹膜深褐色。嘴、腳黑色。
- 繁殖羽額、頰白色，過眼線、頭上至後頸黑色。背面灰色，頸、胸以下淡紫灰色。非繁殖羽頭、頸、胸以下白色，後頭黑色，背面灰色。
- 停棲時翼尖上翹，翼端與尾端約等長。
- 飛行時腰、尾上覆羽及尾羽白色，與背面灰色對比明顯。翼上前緣白色，翼下後緣近黑，尾羽分叉深。
- 幼鳥似成鳥非繁殖羽，但背羽偏褐，羽緣淡色如鱗斑。

▲飛行時腰、尾上覆羽及尾羽白色，王容攝。

| 生態 |

繁殖於庫頁島、阿留申群島及阿拉斯加，越冬於菲律賓，可能經由臺灣沿海遷徙，香港外海紀錄較多，由於主要於海面過境，甚少靠近陸地，因此不易被發現，至2002年始有紀錄。喜停棲於海面漂流物或礁岩上，飛行振翼沉而有力，以小魚為主食，主要於水面淺啄。

▲非繁殖羽頭、頸、胸以下白色，後頭黑色，王容攝。

▲飛行時翼上前緣、次級及三級飛羽後緣白色，王容攝。

▶未成鳥背面羽色偏褐，王容攝。

▶白腰燕鷗為海洋性鳥類，王容攝。

小燕鷗 *Sternula albifrons*

II L22~28cm.WS17~55cm

屬名:小燕鷗屬　　英名:Little Tern　　別名:白額燕鷗　　生息狀況:留、夏 / 不普

▲繁殖季交尾。

| 特徵 |

- 虹膜黑色。繁殖羽嘴、腳橙黃色,嘴尖黑色。額白色,頭頂至後頸、過眼線黑色。
  背面灰色,腹面白色。
- 非繁殖羽嘴黑色,腳色較暗,頭頂之黑色部分範圍較窄。
- 飛行時腹面白色,初級飛羽外側灰黑色,尾上覆羽、尾羽白色,尾羽分叉淺。
- 幼鳥似成鳥非繁殖羽,但頭頂、背部有褐色鱗斑。

| 生態 |

廣布歐、亞、非、澳各洲,出現於海岸、河口、
魚塭、溼地等環境,常成群活動或與其他燕
鷗混群。以魚蝦為主食,發現獵物後,會在
空中定點鼓翅,鎖定目標即俯衝入水捕食。
築巢於海岸沙礫地,桃園竹圍、大肚溪口、
彰濱地區、嘉義布袋、宜蘭蘭陽溪及和平溪
口、澎湖等離島均有繁殖紀錄。築巢於海岸
沙礫地,以珊瑚碎屑堆積成巢,4 至 7 月為
繁殖期,每巢 2 至 3 卵,孵化期約 3 周。

▲繁殖羽嘴、腳橙黃色。

▲ 非繁殖羽頭頂黑
色範圍較窄。

▶ 幼鳥背面有
褐色鱗斑。

▲一齡夏羽。

▲未成鳥翼覆羽
尚有暗色斑。

▲出現於海岸、河口、
魚塭、溼地等環境。

◀飛行時腹面白色，初
級飛羽外側灰黑色，尾
上覆羽、尾羽白色。

▲未成鳥嘴黑，翼覆羽
尚有暗色斑。

◀以魚蝦為主食。

▶成群活動或與其
他燕鷗混群。

357

鷗嘴燕鷗 *Gelochelidon nilotica*

L33~38cm.WS85~115cm

屬名：鷗嘴燕鷗屬　　英名：Gull-billed Tern　　別名：鷗嘴噪鷗　　生息狀況：冬 / 稀，過 / 不普

相似種

燕鷗
• 嘴較細，停棲時翼與尾羽約等長。
• 尾羽分叉較深，繁殖羽腹面淡紫灰色。

▲繁殖羽額、頭上至後頸黑色。

| 特徵 |
• 虹膜黑色。嘴黑色，短而粗。腳黑色。
• 繁殖羽額、頭上至後頸黑色，頸部、胸以下白色，背面灰色。
• 非繁殖羽頭上白色，眼後方有黑斑，背部羽色較淡。
• 停棲時翼端超過尾羽。飛行時腹面白色，初級飛羽末端黑色，尾上覆羽、尾羽白色，尾羽略為分叉。

▲飛行時腹面、尾上覆羽及尾羽白色，尾羽略為分叉。

| 生態 |
分布遍及美、歐、亞、非、澳各洲，出現於沿海河口、泥灘、潟湖、溼地等，會在水域慢速來回飛行，發現獵物即俯衝入水捕食，或於泥灘捕食小魚、甲殼類等生物，亦食昆蟲。

▶非繁殖羽頭上白色，眼後方有黑斑。

◀出現於沿海河
口、泥灘及溼
地。

▶於泥灘捕食魚、
蝦為食。

▲喜歡在水域慢速來回飛行尋找獵物。

裏海燕鷗 *Hydroprogne caspia*

L47~54cm.WS127~140cm

屬名:裏海燕鷗屬　　英名:Caspian Tern　　別名:紅嘴巨鷗　　生息狀況:冬/不普

鷗科

相似種

鳳頭燕鷗
• 嘴黃色，後頭冠羽較明顯。
• 背羽羽色較深。
• 飛行時翼下初級飛羽羽色較淡。

▲非繁殖羽頭上白色有黑色細紋。

| 特徵 |

• 虹膜黑色。嘴紅色粗大，先端黑色。腳黑色。
• 繁殖羽頭上黑色，後頭有不明顯之冠羽，背部淡灰色，頸、胸以下大致白色。
• 非繁殖羽似繁殖羽，但頭上白色有黑色細紋，背面羽色較淡。
• 飛行時翼下白色，初級飛羽灰黑色，尾羽略為分叉。

| 生態 |

為體型最大的燕鷗，廣布全球各洲，出現於海岸、河口、溼地、魚塭及鹽田等地帶，常群聚停棲於灘地，單獨或成小群飛翔。覓食時於水域來回巡弋，發現目標定點鼓翼後即俯衝入水捕食，主要食物為魚、蝦等。八掌溪口、鰲鼓溼地、布袋鹽田、曾文溪口等地均有度冬族群。

▲繁殖羽頭上黑色。

▲嘴紅色粗大醒目，非繁殖羽。

▲幼鳥（左）向親鳥索食。

▲出現於海岸、河口、溼地及鹽田等地帶，常群聚停棲於灘地。

▶為體型最大的燕鷗。

黑浮鷗 *Chlidonias niger*

L23~28cm.WS57~65cm

屬名:浮鷗屬　　英名:Black Tern　　生息狀況:迷

▲繁殖羽頭、頸及胸、腹黑色,游荻平攝。

| 特徵 |

• 虹膜黑色。嘴黑色長而尖。腳暗紅色。
• 繁殖羽頭、頸、胸、腹黑色,背部和尾羽暗灰色,尾下覆羽白色。
• 非繁殖羽額白色,頭頂至後頭與耳羽黑色相連,眼先黑色,背面淺灰色,具淡色羽緣。腹面白色,胸部兩側有暗色斑。
• 飛行時黑色腹部與白色尾下覆羽對比明顯,尾羽略爲分叉。

| 生態 |

繁殖於北美洲、歐洲、俄羅斯中部,冬季南遷至中美洲、非洲、中東及南亞。棲息於湖泊、河口和草澤地帶,喜歡在有水生植物的淺水湖泊活動,有時也出現於海岸沼澤地帶。單獨或成小群活動,常於水面低空飛翔,衝入水中或輕掠水面捕食魚蝦,也常捕食昆蟲。

▲轉非繁殖羽中,腹部與尾下覆羽黑白對比明顯,游荻平攝。

白翅黑燕鷗 / 白翅黑浮鷗 *Chlidonias leucopterus*

L23~27cm.WS58~67cm

屬名:浮鷗屬　　英名:White-winged Tern　　別名:白翅浮鷗　　生息狀況:冬 / 稀，過 / 普

鷗科

> **相似種**
>
> **黑腹燕鷗**
> • 繁殖羽嘴深紅色，眼以下至頸側白色，腹面褐色較濃，翼羽色較暗，飛行時翼下覆羽灰白色。
> • 非繁殖羽眼後黑斑不向下延伸。

▲常於水域附近草叢或水田捕食昆蟲。

| 特徵 |

• 虹膜及嘴黑色。腳紅色至暗紅色。
• 繁殖羽頭、身體、肩羽黑色，翼灰色，但中、小覆羽白色。尾上覆羽及尾羽白色。飛行時，身體與翼、尾羽黑白對比明顯；翼下覆羽黑色，尾羽分叉淺。
• 非繁殖羽頭白色，頭上至後頭黑色，耳羽黑斑向下延伸超過眼睛。背面淺灰色，腹面白色。飛行時翼下白色。
• 停棲時翼較尾羽長。
• 幼鳥似成鳥非繁殖羽，但背部有褐色斑。

▲常與黑腹燕鷗混群。

| 生態 |

繁殖於歐洲大陸、蒙古、中國東北等地，冬季南遷至非洲、南亞、東南亞和澳洲等地，成群出現於沿海沼澤、魚塭、河口與潮間帶。常於低空鼓翅，衝入水中或輕掠水面捕食魚蝦，也常於水域附近草叢或水田捕食昆蟲。常與黑腹燕鷗混群，族群數量可達數百隻。

▲一齡夏羽與成鳥。

▲出現於沿海沼澤、魚塭、河口與潮間帶。

▲族群數量可達數百隻。

▲翼下覆羽黑色，尾羽分叉淺。

▲飛行時，身體與翼、尾羽黑白對比明顯。

黑腹燕鷗 / 黑腹浮鷗 *Chlidonias hybrida*

L23~29cm.WS64~70cm

屬名:浮鷗屬　　英名:Whiskered Tern　　別名:鬚浮鷗　　生息狀況:冬、過 / 普

相似種

白翅黑燕鷗
• 繁殖羽頭全黑，翼較白，翼下覆羽黑色。
• 非繁殖羽耳羽黑斑向下延伸超過眼睛。

▲繁殖羽胸灰黑色，腹黑色，尾下覆羽白色。

| 特徵 |

• 繁殖羽嘴深紅色，腳紅色。頭部眼以上黑
色，眼以下白色，對比明顯。背暗灰色，
翼、尾灰色。胸灰黑色，腹黑色，尾下覆
羽白色。
• 非繁殖羽嘴黑色，腳暗紅色。頭至頸、胸
以下白色，頭上有黑色細斑，後頭黑色與
眼後黑斑相連；背面淺灰色。
• 停棲時翼較尾羽長。飛行時翼下灰白色，
尾羽分叉淺。
• 幼鳥似成鳥非繁殖羽，但背面有褐色斑。

▲非繁殖羽頭上有黑色細斑。

| 生態 |

繁殖於西伯利亞東南、蒙古及中國東北等
地，冬季南遷至東南亞、澳洲及紐西蘭。出
現於河口、沙洲、魚塭、水塘、草澤或水
田地帶，族群可達上萬，常與白翅黑燕鷗混
群。覓食時於水域來回低飛，短暫懸停後俯
衝入水或輕掠水面捕食魚蝦，也常於草叢或
水田上方捕食昆蟲。

▲一齡冬羽背面有褐色斑。

鷗科

365

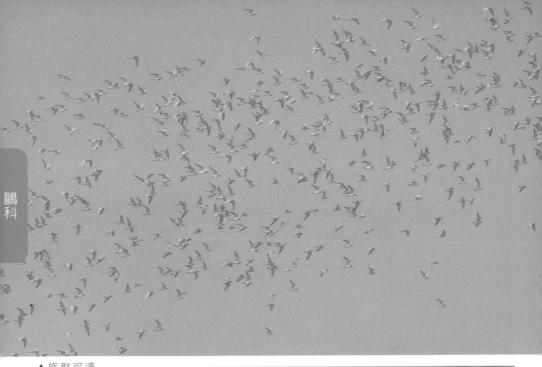

▲ 族群可達
上萬。

▲飛行時翼下灰白色，
尾羽分叉淺。

◀常於草叢或水田上方
捕食昆蟲。

▲與其他水鳥
混群。

▲出現於河口、沙
洲、魚塭、水塘、
草澤或水田地帶。

▶於灘地攝食
蠕蟲。

紅燕鷗 / 粉紅燕鷗 *Sterna dougallii*

II L33~41cm.WS72~80cm

屬名:燕鷗屬　　英名:Roseate Tern　　生息狀況:夏 / 不普，夏 / 普（馬祖）

鷗科

相似種

燕鷗
- 嘴較短，繁殖羽腹面淡紫灰色，背面羽色較深，與白色尾羽對比明顯，尾羽外側近黑色。
- 停棲時翼端與尾端等長。

▲繁殖羽，嘴、腳鮮紅色，尾羽長，分叉深。

| 特徵 |
- 繁殖羽嘴、腳鮮紅色，頭上黑色，背部淡灰色，胸、腹呈淡粉紅色。
- 非繁殖羽嘴、腳黑色，額白色，頭頂有黑、白雜斑，胸以下白色。
- 停棲時尾羽超出翼端。飛行時尾上覆羽、尾羽白色，尾羽長，分叉甚深。
- 幼鳥嘴、腳黑色，背面有黑褐色斑，尾較成鳥短。

▲繁殖羽，嘴全黑之個體。

| 生態 |
廣布於全球，出現於海岸、礁岩、島嶼等地，具群棲繁殖習性，於島嶼之礁岩、草叢築巢繁殖，飛行快速優雅，以小魚為主食，覓食時來回穿梭海面尋找魚群，發現目標即俯衝入水捕食。本種為澎湖群島、馬祖列島局部普遍夏候鳥。因人為干擾等威脅，有保護之必要。

▲幼鳥背面有黑褐色斑，尾較短。

◀為澎湖群島、馬祖列島局部普遍夏候鳥。

鷗科

▲飛行快速優雅。

▲尾上覆羽及尾羽白色。

▲來回穿梭海面尋找魚群。

▲飛行時尾羽分叉深。

蒼燕鷗 / 黑枕燕鷗 *Sterna sumatrana*

Ⅱ　L33~35cm.WS61~64cm

屬名：燕鷗屬　　英名：Black-naped Tern　　生息狀況：夏 / 不普，夏 / 普（馬祖）

鷗科

相似種

紅燕鷗
•非繁殖羽頭上有黑斑。
•停棲時尾羽超出翼端甚多。

▲停棲時，翼與尾羽約等長。

| 特徵 |
• 虹膜黑色。嘴、腳黑色，嘴尖白色。
• 成鳥全身大致白色，背、翼淡灰白色，黑色過眼線延伸至後頭及後頸。
• 停棲時，翼與尾羽約等長。飛行時尾羽分叉深。
• 幼鳥背面有黑褐色羽緣。

| 生態 |
棲息於西太平洋及印度洋熱帶及亞熱帶地區島嶼或海岸之礁岩、峭壁上，常小群停棲於沙灘上，或佇立於礁岩觀望，伺機衝入水面捕魚，以丁香魚為主食。臺灣主要繁殖於澎湖、馬祖之無人島嶼，宜蘭大溪漁港外小島有繁殖紀錄。繁殖期雄鳥會以食物向雌鳥示好，求得雌鳥的青睞，配對後直接將蛋產在礁岩或礫石地凹處。冬季遷移至南洋群島，遷移期間會出現於臺灣各地海岸。

▲飛行時尾羽分叉深。

▲ 常佇立於礁岩觀望，伺機衝水捕魚。

◀ 幼鳥背面有黑褐色羽緣。

▲ 常小群停棲於沙灘上。

▲東部大溪漁
港、三仙台等岩
岸有繁殖紀錄。

▶幼鳥背面有
黑褐色羽緣。

▲以丁香魚為主食。

▲背、翼淡灰白色，黑色過眼線延伸至後頸。

燕鷗 *Sterna hirundo*

L32~39cm.WS72~83cm

屬名:燕鷗屬　　英名:Common Tern　　別名:普通燕鷗　　生息狀況:過/普

▲繁殖羽，*hirundo* / *tibetana* 亞種嘴、腳紅色。

| 特徵 |
- 虹膜黑色。臺灣出現兩亞種：*S. h. longipennis* 嘴黑色，腳黑色或紅色；*S. h. hirundo* / *tibetana* 嘴紅色，嘴先黑色，腳紅色。
- 繁殖羽額、頭上至後頸黑色。頰、喉白色，頸、胸以下淡紫灰色，背面灰色。非繁殖羽額白色，頭上有黑、白雜斑；嘴黑色，腳偏暗。
- 停棲時翼端與尾端約等長。飛行時尾上覆羽、尾羽白色，初級飛羽外側及尾羽外側近黑，尾羽分叉深。
- 幼鳥似成鳥非繁殖羽，但背部、肩羽有褐色斑。

| 生態 |
廣布於全球，在熱帶及亞熱帶海洋越冬，遷徙時會過境臺灣。通常成小群出現於沿海水域、河口、沼澤、魚塭等地，常與其他燕鷗混群。以小魚爲主食，發現目標即俯衝入水捕食。

相似種

紅燕鷗、白腰燕鷗
- 紅燕鷗嘴較細長，背面羽色較淡，與白色尾羽相近；尾羽外側白色，停棲時尾羽超出翼端。
- 白腰燕鷗繁殖羽額白色，飛行時翼上前、後緣白色醒目，翼下後緣黑色明顯，尾羽外側純白。

▲繁殖羽，*longipennis* 亞種嘴黑色。

▲ 出現於沿海水域、河
口、沼澤、漁塭等地。

▶ 初級飛羽外側及
尾羽外側近黑,非
繁殖期。

▲ 飛行時尾上覆羽、尾羽白色,尾羽分叉深,*longipennis* 亞種。

▲ 幼鳥背面有褐色斑。

▲ 繁殖羽,停棲時翼端與尾端等長。

374

鳳頭燕鷗 *Thalasseus bergii*

屬名:鳳頭燕鷗屬　英名:Great Crested Tern　別名:大鳳頭燕鷗　生息狀況:夏／不普，夏／普（馬祖）

相似種

黑嘴端鳳頭燕鷗、小鳳頭燕鷗

• 黑嘴端鳳頭燕鷗嘴前端黑色，嘴尖白色，背面灰白色。
• 小鳳頭燕鷗嘴橘黃色，背面灰色，繁殖羽額黑色與嘴基相連。

▲飛行時腹面白色，僅初級飛羽末端黑色，繁殖羽。

| 特徵 |

• 虹膜黑色。嘴黃色。腳黑色。
• 繁殖羽額、頸部、胸以下白色，頭上至後頭黑色有冠羽，背面鼠灰色。非繁殖羽頭上黑色褪成黑白間雜。停棲時翼尖超出尾端。
• 飛行時背面鼠灰色，尾羽略呈分叉；腹面白色，僅初級飛羽末端黑色。
• 亞成鳥頭上有黑褐色縱紋，背面有黑褐色斑。嘴肉色至黃色，腳肉色、黃色至黑色，隨成長而變化。

| 生態 |

廣布於亞洲、非洲、澳洲熱帶或亞熱帶海域。出現於島嶼、海岸礁岩、港灣、河口等地帶，常於海灘、礁岩、海上浮標或漂浮物上歇息。夏季澎湖及馬祖離島有大量繁殖，臺灣本島北海岸及東海岸夏季有穩定紀錄，西南沿海春季4月中、下旬有過境潮。飛行時拍翅較其他小型燕鷗緩慢，常於海面搜尋獵物，發現目標後即俯衝入水捕食。以魚類為主食，常於漁港內叼食水面上的死魚或內臟。

▲繁殖羽，雙翅微張下垂之求偶行為。

鷗科

▲非繁殖羽頭上黑色褪成黑白間雜。

▲幼鳥背面有黑褐色斑。

▲幼鳥與成鳥非繁殖羽。

▶於海面搜尋獵物。

▲出現於島嶼、海岸礁岩、港灣、河口等地帶。

白嘴端燕鷗 *Thalasseus sandvicensis*

屬名:鳳頭燕鷗屬　　英名:Sandwich Tern　　別名:桑氏燕鷗　　生息狀況:迷

▲非繁殖羽額白色,頭上黑白間雜。

| 特徵 |
- 虹膜黑色。嘴黑色,先端黃色。腳黑色。
- 繁殖羽頭上至後頭黑色,背面淺灰色,頸、胸以下白色。
- 非繁殖羽額白色,頭上黑色褪成黑白間雜。

| 生態 |
分布於歐洲、非洲、北美洲東部及南美洲兩岸沿海地帶及海島上,出現於海邊,以小型魚類為主食,常於海面搜尋獵物,發現目標後即俯衝入水捕食,臺灣僅 2005 年 8 月宜蘭蘭陽溪口、2013 年 7 月臺南曾文溪口二筆紀錄。

▲出現於海邊,以小型魚類為主食。

▲繁殖羽頭上至後頭黑色，林文崇 2013 年 7 月攝於臺南，右為鳳頭燕鷗。

▲嘴黑色，先端黃色。

小鳳頭燕鷗 *Thalasseus bengalensis*

L35~43cm.WS88~105cm

屬名:鳳頭燕鷗屬　　英名:Lesser Crested Tern　　生息狀況:迷

▲成鳥轉非繁殖羽中,鄭謙遜攝。

相|似|種

鳳頭燕鷗
•體型較大,背面鼠灰色。
•嘴黃色,繁殖羽額白色。

▲繁殖羽額至後頭黑色,鄭謙遜攝。

| 特徵 |
• 虹膜黑色。嘴橘黃色。腳黑色。
• 似鳳頭燕鷗,但體型較小,背面灰色,繁殖羽額黑色與嘴基相連。非繁殖羽額至頭上白色。停棲時翼尖超出尾端。
• 幼鳥似成鳥非繁殖羽,但背面有褐色斑。

| 生態 |
繁殖於北非、紅海、波斯灣、印度、東南亞及澳洲北部,常與鳳頭燕鷗混群,出現於島嶼、海岸礁岩、沙灘等地帶,喜於海灘、礁岩、海上浮標上歇息。以魚類為主食,於海面搜尋獵物,發現目標後即垂直俯衝入水捕食。

黑嘴端鳳頭燕鷗 *Thalasseus bernsteini*

L38~43cm.WS94cm

屬名:鳳頭燕鷗屬　英名:Chinese Crested Tern　生息狀況:夏、過/稀,夏/稀(馬祖)

▲出現於島嶼、河口等地區,常混雜在鳳頭燕鷗群中。

| 特徵 |

- 虹膜黑色。嘴黃色,先端黑色,嘴尖白色。腳黑色。
- 繁殖羽額、頸部、胸以下白色,頭上至後頭黑色有冠羽,背面灰白色。非繁殖羽頭上黑色褪成白色或黑白間雜。
- 飛行時背面灰白色,尾羽略為分叉;腹面白色,僅初級飛羽末端黑色。
- 幼鳥背面有褐色斑。

相似種

鳳頭燕鷗
- 體型較大,嘴全黃。
- 背面顏色為較深的鼠灰色。

| 生態 |

出現於島嶼、河口等地區,常混雜在鳳頭燕鷗群中,自 1863 年被命名以來,全世界僅有幾筆觀察或採集紀錄,直至 2000 年馬祖列島燕鷗保護區首度發現 4 對黑嘴端鳳頭燕鷗築巢繁殖,其後幾年馬祖列島陸續有零星紀錄。由於數量稀少,瀕臨絕種,名列全球「極危」鳥種,又名「神話之鳥」。除馬祖列島外,澎湖亦有繁殖,急水溪及八掌溪口、大陸浙江韭山列島及閩江口也曾發現其蹤跡。以魚蝦為食,繁殖期為每年 6 至 8 月。

▲繁殖於馬祖列島上,名列全球「極危」鳥種。

▲非繁殖羽額白色，頭上黑白間雜。

▶飛行時腹面白色，
尾羽略為分叉。

▲非繁殖羽額白色，頭上黑白間雜。

▲以魚蝦為食。

▶飛行時背面灰白
色，尾羽略為分叉。

▲繁殖羽頭上至後頭黑色有羽冠，林文崇攝。

▲嘴黃色，先端黑
色，嘴尖白色。

◀攝於馬祖離島。

▲與鳳頭燕鷗混群繁殖，前為幼鳥，背面有褐色斑。

熱帶鳥科
Phaethontidae

分布於熱帶及亞熱帶海域，為中型海洋性鳥類，除繁殖期外，常年在海上生活。雌雄同色，體色以白色為主。頭大、頸粗，嘴略下彎，嘴緣呈鋸齒狀；腳短，趾間均有蹼，為全蹼足，中央尾羽甚長。以魚、烏賊、甲殼類為主食，常於海上盤旋，發現獵物即俯衝而下捕食。喜借助海島峭壁之上升氣流滑翔，浮於海面時尾常高翹。集體築巢於海島峭壁上，雌雄共同孵蛋、育雛，雛鳥為晚成性。

白尾熱帶鳥 *Phaethon lepturus*

L60~80cm（含尾30~40cm）.WS90~95cm

屬名：熱帶鳥屬　　英名：White-tailed Tropicbird　　別名：白尾鸏　　生息狀況：海／迷

| 相 | 似 | 種 |

紅尾熱帶鳥
• 嘴及中央尾羽紅色。
• 飛行時，翼上無黑色翼帶。
• 幼鳥嘴黑色，初級飛羽白色，僅羽軸黑色。

▲成鳥嘴黃色，中央2根尾羽白色甚長，曾秋文攝。

| 特徵 |
• 虹膜及過眼線黑色，眼前有弧形黑斑。嘴黃色。腳近灰色，蹼黑色。
• 全身大致白色，飛行時翼上有黑色翼帶，初級飛羽外側黑色，翼尖白色，中央2根尾羽白色甚長。
• 幼鳥背部有黑色粗橫紋，初級飛羽外側黑色，無中央2根長尾羽。

| 生態 |
廣布大西洋、太平洋與印度洋之熱帶、亞熱帶海域，繁殖於熱帶海岸與島嶼上，除繁殖期外長年在熱帶海洋中漂泊。性活潑，飛行輕快、敏捷。以小型表層魚類、烏賊、甲殼類等為食，常單獨在海面上空滑翔或定點振翅，發現獵物即收起雙翅俯衝入水捕食，也會跟隨船隻，俟機捕食驚起的飛魚。

▲幼鳥背部有黑色粗橫紋，趙偉凱攝。

紅嘴熱帶鳥 *Phaethon aethereus*

L90~107cm（含尾46~56cm）.WS99~115cm

屬名：熱帶鳥屬　　英名：Red-billed Tropicbird　　別名：短尾鸏　　生息狀況：海／迷

▲嘴紅色，中央 2 根尾羽白色甚長，林文崇攝。

| 特徵 |
- 虹膜及過眼線黑色，眼前有弧形黑斑。嘴紅色。腳偏黃色，蹼黑色。
- 全身大致白色，背面密布黑色細橫紋，飛行時翼帶及外側初級飛羽黑色，中央 2 根尾羽白色甚長。
- 幼鳥似成鳥，但嘴偏黃，無中央 2 根長尾羽。

| 生態 |
廣布太平洋、大西洋及印度洋西北部之熱帶、亞熱帶海域，單獨於海洋生活，飛行姿態優雅，以魚、蝦及烏賊類為食，發現獵物先停在空中振翼然後兩翼半合俯衝入水捕食。本種僅 2011 年 4 月彰化漢寶一筆紀錄。

相似種

紅尾熱帶鳥
- 體背面無黑色細橫紋。
- 外側初級飛羽非黑色。
- 中央 2 根尾羽紅色。

▲背面密布黑色細橫紋，翼帶及外側初級飛羽黑色，林文崇攝。

熱帶鳥科

紅尾熱帶鳥 *Phaethon rubricauda*

L80~102cm（含尾36~55cm）．WS99~119cm

屬名：熱帶鳥屬　　英名：Red-tailed Tropicbird　　別名：紅尾鸏　　生息狀況：海 / 稀

▲嘴紅色略向下彎，中央 2 根尾羽紅色甚長，曾秋文攝。

| 特徵 |

• 虹膜及過眼線黑色，眼前有弧形黑斑。嘴紅色略向下彎。腳灰藍色，蹼黑色。

• 全身大致為粉紅色至白色，中央 2 根尾羽紅色甚長。

• 飛行時初級飛羽羽軸黑色。

• 幼鳥嘴偏黑，背部具黑色橫斑，初級飛羽羽軸黑色，無中央 2 根長尾羽。

| 生態 |

廣布太平洋與印度洋之熱帶、亞熱帶海域，繁殖於夏威夷群島、小笠原群島、硫磺列島等地。偶於颱風後出現在臺灣離島及沿海海域，很少接近陸地，僅在繁殖期群聚，繁殖後各自分飛，單獨於海洋生活。飛行姿態優雅，以魚、蝦及烏賊類為食，發現獵物即俯衝入水捕食，也會跟隨船隻，俟機捕食驚起的飛魚。

相似種

白尾熱帶鳥、紅嘴熱帶鳥

• 白嘴熱帶鳥嘴黃色，中央 2 根尾羽白色；飛行時，翼上有黑色斜線；幼鳥初級飛羽外側黑色。

• 紅嘴熱帶鳥背面密布黑色細橫紋，飛行時翼帶及外側初級飛羽黑色，中央 2 根尾羽白色。

熱帶鳥科

分布於歐洲、亞洲及北美洲的海洋與湖泊，單獨或成對生活，偶爾集結成小群越冬或遷徙。雌雄同色，為中至大型水禽，嘴呈錐形，長而尖，適合捕食小型魚蝦。翼小而尖，尾短而硬，羽毛濃密，背部多呈黑色或灰色，腹部白色。腿粗壯具蹼，位於身體後端，不利陸地行走。擅游泳、潛水，能在水下長距離潛泳，捕食魚類、甲殼類、軟體動物及水生昆蟲等為食。一夫一妻制，於水邊地面築巢，雌雄共同孵蛋、育雛。雖擅於飛行，但除體型小的紅喉潛鳥外，均需有寬闊水面才能起飛。

白嘴潛鳥 *Gavia adamsii*

L76~91cm.WS135~152cm

屬名：潛鳥屬　　英名：Yellow-billed Loon　　別名：黃嘴潛鳥　　生息狀況：迷（馬祖）

▲背黑色，密布方塊形白斑，2009 年 6 月張壽華攝於馬祖。

| 特徵 |

• 虹膜紅色。腳黑色。

• 繁殖羽嘴黃白色，微向上翹。頭、頸黑色而有藍綠色光澤，喉、頸側有黑白相間縱紋，形成帶斑；背面黑色，密布方塊形白斑；胸、腹白色。

• 非繁殖羽嘴象牙色，頰、喉及腹面白色，背面灰黑色。

| 生態 |

繁殖於北半球苔原帶，自俄羅斯西北部至西伯利亞、阿拉斯加及加拿大北部，為潛鳥科體型最大的一種，築巢於苔原湖泊或河口岸邊，冬季南遷於沿海水域越冬，種群數量稀少。本種僅 2009 年 6 月馬祖一筆傷鳥紀錄。

紅喉潛鳥 *Gavia stellata*

屬名:潛鳥屬　　英名:Red-throated Loon　　生息狀況:迷,冬 / 稀(馬祖)

潛鳥科

▲非繁殖羽背部密布細白斑。

| 特徵 |
- 虹膜紅色或栗色。嘴灰黑色略向上翹。腳黑色。
- 繁殖羽臉至頸側灰色,頭上有黑色細紋,後頸有黑、白相間細縱紋,前頸具栗褐色三角形斑。背部黑褐色,胸以下白色,胸側、脇有黑色細斑紋。
- 非繁殖羽臉、喉至頸以下白色;額、頭上、後頸至尾黑褐色,背部有細白斑。

| 生態 |
繁殖於歐亞大陸及北美洲之苔原帶,越冬至歐洲、亞洲及北美洲溫帶沿海水域,是分布最廣,也是潛鳥科體型最小的成員。擅游泳、潛水,游泳時頸常伸直,飛行能力強,不需助跑即能起飛,飛行呈直線。常上岸休息,在陸地行走困難,需以胸接觸地面匍匐前進。潛水覓食,能在水下快速游泳追捕魚群,亦食甲殼類、軟體動物、水生昆蟲等。近年來馬祖有持續紀錄,金門亦有零星紀錄,臺灣則僅 2010 年 3 月臺北萬里一筆紀錄。

▲繁殖羽前頸具栗褐色三角形斑，游荻平攝。

▲在陸地行走困難。

▲擅游泳、潛水，游泳時頸常伸直。

▶常上岸休息。

▲在陸地行走時常常以胸接觸地面匍匐前進。

黑喉潛鳥 *Gavia arctica*

L58~73cm.WS110~130cm

屬名：潛鳥屬　　英名：Arctic Loon　　別名：綠喉潛鳥　　生息狀況：迷

▲非繁殖羽背面黑褐色，游泳時近尾端處白色明顯。

| 特徵 |
- 虹膜紅色或暗色。嘴筆直，夏季黑色，冬季灰色，嘴尖與嘴峰黑色。腳黑色。
- 繁殖羽頭上至後頸灰色，頰灰黑色，喉及前頸墨綠色具光澤，頸側與胸側有黑、白色相間細縱紋。背部黑色，背兩側有白色長方形橫紋，翼有白色細斑點，胸以下白色。
- 非繁殖羽背面黑褐色，腹面白色，胸側有黑色縱紋，游泳時脇（近尾端）白色明顯。

| 生態 |
繁殖於歐亞大陸及北美洲之苔原帶，越多至歐洲、亞洲及北美洲西部之溫帶沿海、湖泊。擅游泳、潛水，需在水面助跑才能起飛，飛行能力強，呈直線。拙於陸地行走，因此成天在水上生活。潛水覓食，能在水下快速游泳追捕魚群，亦食甲殼類、軟體動物、水生昆蟲等。近年僅 1996 年臺南、2005 年金門、2008 年宜蘭下埔、2009 年馬祖東引各一筆紀錄。

相似種

紅喉潛鳥、太平洋潛鳥
- 紅喉潛鳥嘴略向上翹，繁殖羽前頸為栗褐色三角形斑，非繁殖羽背部有細白斑。
- 太平洋潛鳥繁殖羽喉及前頸紫黑色，非繁殖羽有黑色頸圈，游泳時脇無白色。

▲擅游泳，能在水下快速游泳追捕魚群。

▲幼鳥背面有淡
色羽緣。

▲拙於陸地行走，成天
於水上生活。

◀非繁殖羽腹面白色。

太平洋潛鳥 *Gavia pacifica*

L58~74cm.WS110~128cm

屬名：潛鳥屬　　英名：Pacific Loon　　生息狀況：迷

相似種

黑喉潛鳥
• 繁殖羽喉及前頸墨綠色。
• 背面白斑較少。
• 非繁殖羽無黑色頸圈，游泳時脇白色。

潛鳥科

▲繁殖羽，頸側與胸側有黑、白色相間細縱紋，曾秋文攝。

| 特徵 |

• 虹膜紅色。嘴灰色至黑色。腳黑色。
• 繁殖羽頭上至後頸灰色，頰灰黑色，
　喉及前頸紫黑色具光澤，頸側與胸側
　有黑、白色相間細縱紋。背部黑色，
　背兩側有白色長方形橫紋，翼有白色
　細斑點，胸以下白色。
• 非繁殖羽背面黑褐色，腹面白色，有
　黑色頸圈，胸側有黑色細縱紋。

| 生態 |

繁殖於西伯利亞東部至阿拉斯加及加拿
大；越冬於日本沿海及北美洲西部，種
群稀少，習性與黑喉潛鳥相同。本種僅
2010 年 3 月 11 日臺北金山水尾漁港一
筆幼鳥紀錄。

▲非繁殖羽背面黑褐色，腹面白色，曾秋文攝。

為分布於全球溫帶海洋的大型海鳥，生活於大洋中。體型粗壯，頭小頸長，管狀鼻孔位於嘴基兩側，嘴長而有力，上喙末端呈鉤狀，尾短，腳有蹼。具窄長的翅膀，飛行時平展雙翼，可以有效地利用海面氣流，長時間在海上滑翔、飛行，有時停棲於海面上休息，需助跑才能起飛。主要於海面上獵捕魚類、甲殼類、烏賊等軟體動物為食，也會跟隨船隻撿食丟棄之魚獲雜碎。一夫一妻制，喜結群繁殖，繁殖期登島築巢產卵，雌雄輪流孵蛋、育雛，親鳥會反芻體內食物餵食幼鳥，雛鳥為晚成性。近年因賴以繁殖的海島受人為開發破壞，加上繁殖期人類上島撿拾鳥蛋，導致種群數量銳減。

黑背信天翁 *Phoebastria immutabilis*

L79~81cm.WS195~203cm

| 屬名：信天翁屬 | 英名：Laysan Albatross | 別名：雷仙島信天翁 | 生息狀況：海／稀 |

▲成鳥頭、頸、尾上覆羽及腹面白色，呂宏昌攝。

▲單獨漫遊於北太平洋上，廖煥彰攝。

| 特徵 |
- 虹膜深褐色，眼周深色。嘴肉色，嘴端深色。腳粉灰色。
- 成鳥頭、頸、尾上覆羽及腹面白色，翼、背及尾羽黑褐色。
- 飛行時翼下主要白色，翼緣黑色，翼下覆羽具近黑色之縱紋。腳略伸出尾後。
- 幼鳥似成鳥，但嘴灰色較重。

| 生態 |
分布於太平洋北部。繁殖於日本南部的小笠原群島、中途島、夏威夷群島等。擅飛行，能藉氣流不費力的長時間滑翔，除了繁殖期外幾乎全在海洋上生活，單獨漫遊於北太平洋上。以魚、甲殼類、烏賊等軟體動物為食，常利用夜間獵食浮上水面之烏賊。臺灣僅 2003 年 12 月彰化福寶及 2005 年臺東兩筆傷鳥紀錄。

▲飛行時翼下主要白色，翼緣黑色，覆羽具近黑色縱紋。

▲翼、背及尾羽黑褐色。

▲擅飛行，能藉氣流不費力的長時間滑翔。

▲眼周深色，嘴肉色，嘴端深色。

▲除繁殖期外幾乎在海洋上生活。

◀需助跑才
能起飛。

▲以魚類、甲殼類、烏賊等軟體動物為食。

黑腳信天翁 *Phoebastria nigripes*

I L64~74cm.WS193~216cm

屬名:信天翁屬　　英名:Black-footed Albatross　　生息狀況:海 / 稀

相似種

短尾信天翁幼鳥
• 嘴粉紅色且較粗大，
　嘴端偏藍。

▲夏季偶爾出現於臺灣沿海及北方三島海域。

| 特徵 |

• 虹膜黑褐色。嘴灰黑色。腳黑色。

• 成鳥全身大致深褐色，眼下、嘴基周圍、尾
　基部及尾下覆羽白色。有些老年成鳥頭及胸
　部褪成近白色。

• 亞成鳥似成鳥，但尾基及尾下覆羽無白色。

| 生態 |

分布於北太平洋。繁殖於日本外海的伊豆群
島、太平洋的小笠原群島、夏威夷群島及其
西北諸列島。擅飛行，能藉氣流不費力的長
時間滑翔，除了繁殖期外幾乎全在海洋上生
活，以魚、甲殼類、烏賊等軟體動物為食，
常跟隨船隻撿食丟棄之雜碎，偶爾出現於臺
灣沿海及北方三島海域。由於在海洋中受鮪
魚業延繩釣誤捕、誤食塑膠品而意外死亡等
威脅，名列全球「瀕危」鳥種。

▲成鳥全身大致深褐色，眼下、嘴基周圍、尾基及尾
下覆羽白色。

▶亞成鳥似成鳥，但尾
基及尾下覆羽無白色。

▲除了繁殖期外幾乎在海洋上生活。

▲常跟隨船隻撿食丟棄之雜碎。

◀飛行時少鼓翼，能藉氣流不費力的長時間滑翔。

▲飛行時初級飛羽基部
有白色羽軸。

◀飛行時腳伸出尾羽。

▶亞成鳥尾基及
尾下覆羽無白色。

397

短尾信天翁 *Phoebastria albatrus*

屬名:信天翁屬　　英名:Short-tailed Albatross　　生息狀況:海 / 稀

L80~94cm.WS213~240cm

相似種

黑腳信天翁
• 嘴灰黑。
• 腳黑色。

▲成鳥全身白色,頭頂、後頸略帶黃色,翼上覆羽有大白斑,尾端黑色。

| 特徵 |
• 虹膜褐色。嘴粉紅色,嘴端偏藍。腳藍灰色。
• 成鳥全身白色,頭頂、後頸略帶黃色,肩羽、翼尖和尾端黑色,翼上覆羽具黑、白染斑。
• 飛行時翼上及尾端黑色,覆羽有白斑;翼下白色,翼緣黑色,腳伸出尾後。
• 幼鳥及亞成鳥體羽漸變,從幼鳥的暗褐色至亞成鳥,隨著成長羽色漸白。

▲四齡近成鳥,背部仍有褐色斑,翼覆羽白斑範圍小。

| 生態 |
分布於北太平洋。繁殖於臺灣北部釣魚臺群島及日本鳥島,過去澎湖列島曾有繁殖紀錄。結群繁殖,非繁殖期四處遊蕩,偶爾出現於臺灣海域。擅飛行,在海面上平展狹長雙翼,不需振翅即能藉氣流不費力的長時間滑翔。於海面獵捕魚、烏賊、甲殼類為食,偶爾跟隨船隻撿食丟棄之雜碎。起飛時需靠兩翅急遽拍打海面,在陸地上則需爬到懸崖邊或從高坡上往下跳才能起飛。由於族群稀少,漁業造成的意外死亡、天然災害等威脅,名列全球「易危」鳥種。據日本研究報告指出,於臺灣北部釣魚臺繁殖(尖閣諸島型 *Senkabu*)與日本鳥島繁殖(鳥島型 *Torishima*)之信天翁應屬於不同物種,未來可能裂分為 2 種不同之信天翁。

▲繁殖於釣魚臺者
（尖閣諸島型）嘴較
細長，圖為二齡鳥。

◀成鳥飛行時翼下白
色，翼緣黑色，腳伸出
尾後。

▶繁殖於日本鳥島者
（鳥島型）均繫有腳
環，嘴較粗短。

▲亞成鳥體羽漸變，二齡。

▲一齡幼鳥體羽大致暗褐色。

▲嘴粉紅，嘴端偏藍；
腳藍灰，蹼粉紅。

◀助跑起飛。

400

▲成鳥（中）與三齡鳥。

◀於海面獵捕魚、烏賊、甲殼類為食。

▶繁殖於臺灣北部釣魚臺者（尖閣諸島型）嘴較細長。

海燕科
Hydrobatidae

為體型最小的海洋性鳥類，以太平洋地區種類較多。生活於海洋、偏遠島嶼上。雌雄同色，大多為暗褐色。鼻管僅一孔，開口於嘴峰上；嘴先端下鉤，翼長，尾大多分叉，但在海上通常難以觀察。飛行飄忽不定，振翅頻率高。以魚類、軟體動物及浮游生物為主食，營巢於海島洞穴、岩石間，雌雄共同孵蛋、育雛，雛鳥為晚成性。

白腰叉尾海燕 *Hydrobates leucorhoa*

L18~22cm.WS45~48cm

屬名：叉尾海燕屬　　英名：Leach's Storm-Petrel　　生息狀況：迷

相似種
• 黑叉尾海燕及煙黑叉尾海燕無白腰。

▲腰兩側及尾上覆羽白色，飛行時翼上有倒八字形弧形翼帶，洪廷維攝。

| 特徵 |
• 虹膜暗褐色，嘴、腳黑色。
• 全身暗褐色，腰兩側及尾上覆羽白色。
• 飛行時翼上倒八字形淡褐色弧形翼帶達翼前緣，腰白色。尾分叉深，有時收起。腳不超出尾羽。

| 生態 |
廣泛分布在大西洋和太平洋，於小島上繁殖，除繁殖季外，終年於大洋飄泊。單獨或小群於海上活動，飛行靈巧，拍翅快而飄忽不定，以嘴尖輕點海面，啄食小魚、蝦、軟體動物及浮游生物。

▲全身暗褐色，尾分叉深，洪廷維攝。

黑叉尾海燕 *Hydrobates monorhis*

屬名：叉尾海燕屬　　英名：Swinhoe's Storm-Petrel　　生息狀況：海／不普

相似種

煙黑叉尾海燕
• 體型較大，翼較尖長。
• 初級飛羽基部羽軸白色較醒目，尾分叉較深，飛行較緩慢。

▲海燕科鼻管僅一孔，開口於嘴峰上，陳登創攝。

| 特徵 |

• 虹膜深色，嘴、腳黑色。

• 全身黑褐色。

• 飛行時翼上具倒八字形淡褐色翼帶，初級飛羽基部有不明顯白色羽軸，外側 2 ～ 3 根較白。尾略分叉，但經常收起。腳不超出尾羽。

| 生態 |

繁殖於東北亞島嶼上，包括日本、朝鮮半島及黃海的偏遠島嶼，非繁殖期向西南遷徙至北印度洋。單獨或小群出現於沿海、北方三島、澎湖、馬祖等離島海域，7 至 9 月紀錄最多。飛行優雅、靈巧，特徵似燕鷗，在水面上多彈跳及俯衝，有時會急速側身轉彎，覓食時以嘴尖輕點海面，攝取小魚、蝦、軟體動物及浮游生物爲食，有時會跟隨船隻覓食。

▲翼上具倒八字淡褐色翼帶。

▲尾略分叉。

海燕科

403

煙黑叉尾海燕 *Hydrobates matsudairae*

L24~25cm.WS46~56cm

屬名:叉尾海燕屬　　英名:Matsudaira's Storm-Petrel　　別名:日本叉尾海燕　　生息狀況:海 / 迷

海燕科

相似種

黑叉尾海燕、穴鳥
- 黑叉尾海燕體型較小，翼較短，尾分叉較淺，飛行較輕巧。
- 穴鳥體型較大，翼修長，初級飛羽基部無白斑，尾長而尖，不分叉。

▲初級飛羽基部羽軸白色醒目。

| 特徵 |
- 虹膜深色，嘴、腳黑色。
- 全身黑褐色，似黑叉尾海燕但體型較大。
- 飛行時初級飛羽基部羽軸白色醒目，外側4~5根形成白斑。尾分叉，但經常收起。腳不超出尾羽。

| 生態 |

繁殖於日本南部偏遠島嶼，非繁殖期遷徙至中國南海、菲律賓及印度洋北部。飛行較黑叉尾海燕緩慢而穩定，間歇低速振翅、滑翔，有時會在浪中急轉、俯衝，覓食時以嘴尖輕點海面，攝取小魚、蝦、軟體動物及浮游生物為食，有時會跟隨船隻覓食。

▲淡褐色弧形粗翼帶達翼前緣。

▲翼較黑叉尾海燕尖長，飛行較緩慢而穩定。

404

褐翅叉尾海燕 *Hydrobates tristrami*

L24cm.WS56cm

屬名：叉尾海燕屬　　英名：Tristram's Storm-Petrel　　生息狀況：海／迷

相似種

黑叉尾海燕
• 體型較小，弧形翼帶未達翼前緣。

海燕科

▲翼上具淡灰褐色弧形粗翼帶，自腰延伸達翼前緣，林泉池攝。

| 特徵 |
• 虹膜暗褐色，嘴、腳黑色。
• 全身暗褐色，具藍灰色光澤，翼覆羽淡灰褐色形成翼帶。
• 飛行時翼上具倒八字形淡灰褐色弧形粗翼帶，自腰延伸達翼前緣，腰呈淺褐色或淺灰色。尾黑色，分叉深，腳不超出尾羽。

| 生態 |
分布於北太平洋，繁殖於日本伊豆、小笠原群島、火山列島及夏威夷群島，非繁殖季於夏威夷群島與日本島嶼間遊盪。單獨或小群於海上活動，飛行飄忽不定，啄食小魚、魷魚等為食。

▲腰淺褐色，林泉池攝。

▲全身暗褐色，林泉池攝。

分布世界各地，為中至大型海鳥，棲息於海洋、島嶼上，大多於南半球繁殖。雌雄同色，嘴先端下鉤，嘴上有管狀鼻孔，翼狹長，腳短，趾間有蹼。以魚類、軟體動物及海上浮游生物為主食，常成群活動。擅飛行，需助跑才能起飛，飛行時常快速振翅，再貼著海面滑翔。集體築巢於島嶼上，一夫一妻制，雌雄輪流孵蛋、育雛，雛鳥為晚成性。水薙鳥英名「Shearwater」，即形容水薙鳥喜歡貼著海面滑翔，輪流以雙翼翼尖劃過水面，看似「剪水」的樣子。

暴風鸌 *Fulmarus glacialis*

L45~53cm.WS100~110cm

屬名：暴風鸌屬　　　英名：Northern Fulmar　　　別名：暴雪鸌　　　生息狀況：海／迷

▲淡色型大致灰白色，背面灰色，許映威攝。

| 特徵 |
• 虹膜暗褐色。嘴灰色粗短，先端黃色，有黑色內緣。腳粉紅色。
• 有淡色型、中間型及暗色型。淡色型大致灰白色，背面灰色，暗色型全身暗褐色。頸粗，身體圓胖。
• 飛行似水薙鳥。

| 生態 |
分布於北大西洋、北太平洋，繁殖於沿海峭壁及小島，冬季南遷，偶見於大陸東北沿海地區。喜跟隨船隻，於水面漂浮或潛入水中捕食甲殼類、小魷魚、蠕蟲、魚類和腐肉等。飛行時快速振翅及滑翔，速度快，常在浪頭起伏。在水面須踩水才能起飛。

▲飛行似水薙鳥，
許映威攝。

◀頸粗，身體圓胖，
中間型。

▶暗色型全身暗褐
色，張珮文攝。

白腹穴鳥 / 白額圓尾鸌 *Pterodroma hypoleuca*

L30~31cm.WS63~71cm

屬名：圓尾鸌屬　　英名：Bonin Petrel　　生息狀況：海／稀

▲腹面白色，飛行時翼下覆羽白色，外緣黑色，陳進億攝。

| 特徵 |
- 虹膜暗褐色。嘴黑色。腳肉色。
- 額白色，頭上至後頸、胸側灰黑色。背部淡藍灰色，翼黑褐色，羽緣鼠灰色，尾羽末端黑色。喉、胸、腹以下白色。
- 飛行時翼上有不明顯黑色 M 形翼帶。翼下覆羽白色，外緣黑色。

| 生態 |
分布於小笠原群島及夏威夷群島西部海域，為遠洋性海鳥，繁殖於海島，非繁殖期很少靠近陸地，以魚類、烏賊為食，偶爾出現於北部海域。

▲偶爾出現於北部海域，陳進億攝。

索氏圓尾鸌 *Pterodroma solandri*

屬名 : 圓尾鸌屬　　英名 : Providence Petrel　　生息狀況 : 海 / 迷

▲飛行時翼下覆羽暗褐色,初級飛羽基部白色形成銀白色區域,洪貫捷攝。

▲背深灰褐色,暗色羽緣呈鱗狀,洪貫捷攝。

| 特徵 |

• 虹膜暗褐色。嘴黑色粗短。腳灰色。

• 全身大致深灰褐色。頸粗,身體圓胖。嘴基周圍色淡,有暗色細斑,背深灰褐色,暗色羽緣形成鱗狀,腹淡棕灰色,羽毛磨損時體羽可能出現不規則白斑。

• 飛行時翼下覆羽暗褐色,大覆羽和中覆羽較淺,初級飛羽基部白色形成銀白色區域及新月形白斑,尾圓。

| 生態 |

繁殖於澳洲豪勳爵群島及菲利普島,非繁殖季擴散至塔斯曼海西部、太平洋西北、東至夏威夷水域。築巢於洞穴或岩下的空隙中,單獨或成群捕魚,偶爾跟隨漁船,以小魷魚、魚類及甲殼類為食。

▲嘴基周圍色淡,背部羽毛磨損形成不規則白斑。

▶單獨或成群捕魚,偶爾跟隨漁船。

穴鳥 / 褐燕鸌 *Bulweria bulwerii*

L26~28cm.WS68~73cm

屬名:燕鸌屬　　英名:Bulwer's Petrel　　別名:純褐鸌　　生息狀況:海 / 普

▲飛行時翼上具淡色弧形翼帶。

| 特徵 |
- 虹膜褐色。嘴短，黑色。腳淡粉色，具黑色蹼。
- 全身黑褐色，翼及尾長。
- 飛行時翼上淡色覆羽形成弧形翼帶。尾長而尖，收起成尖形，轉折時張開成楔形。

| 生態 |
繁殖於大西洋及太平洋亞熱帶島嶼，非繁殖期南飛至熱帶海域。4 至 10 月單獨或小群出現於沿海及離島海域，曾出現數百隻之大群。飛行時貼近海面，飛行方向不定，常有轉折，通常 2~5 次快速振翅後，伴隨短距離滑翔，以翼尖劃過水面。擅游泳，以魚類、烏賊及甲殼類為食，偶爾跟隨漁船覓食。

▲尾張開成楔形。

相似種

黑叉尾海燕、玄燕鷗、灰水薙鳥、長尾水薙鳥
- 黑叉尾海燕體型較小，尾短而分叉。
- 玄燕鷗嘴尖長，額至前頭近白色，翼上無淡色翼帶。
- 灰水薙鳥及長尾水薙鳥暗色型體型較大，飛行時翼上無弧形翼帶，飛行模式不同。
- 長尾水薙鳥暗色型幼鳥換羽個體翼上會有淡色翼帶，但翼較寬，頭、頸及嘴較大。

▲翼及尾長。

▲飛行時貼近海面。

▲單獨或小群出現於沿海及離島海域。

◀尾長,收起成尖形。

大水薙鳥 / 白額麗鸌 *Calonectris leucomelas*

屬名:麗鸌屬　　英名:Streaked Shearwater　　生息狀況:海 / 普

鸌科

相似種

長尾水薙鳥

• 臺灣沿海海域除長尾水薙鳥淡色型外，
其餘水薙鳥體色均深，腹部不白。

• 長尾水薙鳥淡色型頭黑色，尾較長呈楔
形，飛行時翼下白色與前、後緣黑色對
比明顯，尾下末端黑。

▲喜利用海面氣流，緩慢振翅後做長距離低空滑行。

| 特徵 |

• 虹膜暗褐色。嘴修長，粉灰色，嘴端灰。腳粉紅色。

• 頭白色，頭頂、頰及頸側具黑褐色細紋。背面暗褐色，具淡色羽緣，腹面白色。

• 飛行時頸側黑，翼基寬，背部具淡色鱗狀羽緣，初、次級飛羽及尾羽黑褐色；翼下覆羽白色，
有黑褐色細斑，翼後緣、尾羽外側黑褐色。

| 生態 |

廣布於西太平洋。繁殖於太平洋海域西
北部，自日本北海道至琉球群島之無人
島嶼，越冬南下至東南亞、澳洲海域。
為臺灣沿海最大、最常見的水薙鳥種，
全年可見，春秋過境期常大量出現，偶
爾會靠近海岸。擅飛行，喜利用海面氣
流緩慢振翅後做長距離低空滑行，滑行
時翼稍向後彎，常側飛以翼尖劃過水
面。覓食時輕掠或浮游水面捕食小魚、
烏賊及甲殼類，常跟隨漁船撿食丟棄之
魚雜。休息時停棲海面，需助跑才能起
飛。2010 年首度於北方三島之棉花嶼
發現大水薙鳥繁殖。

▲常跟隨漁船撿食丟棄之魚雜，踏水助跑起飛。

▲初、次級飛羽及尾羽黑褐色；翼下覆羽白色，有黑褐色細斑。　▲飛行時頸側黑，翼基寬，背部具淡色鱗狀羽緣。

◀頭白色，頭頂、頰及頸側具黑褐色細紋。

▲輕掠或浮游水面覓食。

肉足水薙鳥 / 淡足鸌 *Ardenna carneipes* L40~48cm.WS99~116cm

屬名：水薙鳥屬　　英名：Flesh-footed Shearwater　　別名：肉足鸌　　生息狀況：海／稀

▲頭大，嘴厚實、粉白色，嘴端黑褐色。

| 特徵 |
- 虹膜褐色。嘴厚實，粉白色，嘴端黑褐色。
  腳黃至粉紅色。
- 全身黑褐色，頭大。
- 停棲時翼尖超過尾羽。飛行時翼長而尾圓
  短，翼下初級飛羽基部近灰。

| 生態 |
繁殖於澳洲、紐西蘭海域島嶼及南印度洋島
嶼，非繁殖期遷移至北印度洋及北太平洋。
飛行緩慢，振翅沉穩有力，常近水面低飛，
伸直雙翼作長距離滑翔。擅游泳及潛水，以
俯衝入水、潛水或在海面浮游捕捉魚類、蝦
及烏賊為食。

▲飛行時翼長而尾圓短，翼下初級飛羽基部近灰。

相似種

長尾水薙鳥、灰水薙鳥、短尾水薙鳥
- 長尾水薙鳥暗色型嘴細長，暗灰色；尾較長，
  停棲時翼尖未超過尾羽。
- 灰水薙鳥嘴細長，灰黑色，中央下凹，腳灰黑
  色；飛行時翼窄長，翼下覆羽銀白色。
- 短尾水薙鳥嘴短，黑色，腳灰黑色。

▲腳粉紅色。

▲在海面浮游捕
捉魚類、蝦及烏
賊為食。

◀飛行緩慢，振翅
沉穩有力。

▶常近水面低飛，伸
直雙翼作長距離滑翔。

長尾水薙鳥 / 楔尾鸌 *Ardenna pacifica* L38~47cm.WS97~109cm

屬名:水薙鳥屬　　英名:Wedge-tailed Shearwater　　別名:曳尾鸌　　生息狀況:海 / 稀

▲出現於臺灣海域者以暗色型居多。

| 特徵 |

• 有淡色及暗色兩種色型。虹膜暗褐色。嘴細長,暗灰色。腳粉紅色。尾羽尖長,收起時尖,張開時成呈楔形。

• 淡色型頭黑色,背至尾褐色,背部具淡色斑紋,腹面白色。飛行時翼下覆羽白色,初級飛羽、翼後緣及尾下末端黑褐色。

• 暗色型全身黑褐色,飛行時初級飛羽及尾部羽色稍深,翼下初級飛羽基部略白,於強光反射下呈白斑。亦有似暗色型但腹面較褐之中間型個體。

• 停棲時翼尖未超過尾羽;飛行時翼寬長,弓起並向前伸,腳未露出尾羽。

| 生態 |

廣布於太平洋及印度洋熱帶至亞熱帶海域,繁殖於熱帶島嶼。出現於澎湖群島及臺灣海域者以暗色型居多,單獨或成小群覓食,常於燕鷗群聚之魚群出現處覓食。飛行能力強,鼓翅緩慢,常貼緊海面滑翔,左右側飛以翼尖劃過水面,不跟船。擅游泳及潛水,可潛至水深 30m 以下,動作快速,以俯衝方式捕捉魚類、烏賊為食。

> ## 相似種
> ### 大水薙鳥、短尾水薙鳥、肉足水薙鳥、穴鳥
> • 大水薙鳥似本種淡色型,但臉及眼側白色,頭具黑褐色細紋,飛行時腹面較白,覆羽白色範圍較大,尾較短。
> • 短尾水薙鳥嘴較短,飛行時振翅頻繁急促,翼伸直,尾較圓短,腳露出尾後。
> • 肉足水薙鳥嘴較厚實,粉白色,先端黑;飛行時翼下較淡,翼伸直不弓起,尾較短。
> • 穴鳥似本種暗色型,但體型較小,飛行時翼伸直,翼上具淡色弧形翼帶。

▲暗色型全身黑褐色，飛行時初級飛羽及尾部羽色稍深。

▲飛行時腳末露出尾羽。

▲翼下初級飛羽基部略白，於強光反射下呈白斑。

▲常貼緊海面滑翔，左右側飛以翼尖劃過水面。

▲飛行時翼寬長，弓起並向前伸，腳末露出尾羽。

灰水薙鳥 / 灰鸌 *Ardenna grisea*

屬名：水薙鳥屬　　英名：Sooty Shearwater　　生息狀況：海 / 稀

鸌科

▲嘴細長，中央下凹，停棲時翼尖超過尾羽。

| 特徵 |

• 虹膜暗褐色。嘴細長，灰黑色，中央下凹，鼻管長度占嘴長 1/4，先端黑色喙鉤厚重。腳灰黑色，
　也有偏粉紅色個體。

• 全身黑褐色，磨損時呈棕褐色。尾略短，稍呈楔形。

• 停棲時翼尖超過尾羽。飛行時翼直、窄長，翼下覆羽銀白色，初級覆羽最白，腳露出尾後少。

| 生態 |

廣布全球海域，環繞南北太平洋遷移。繁殖於澳洲、紐西蘭及南美洲南部島嶼，非繁殖期會飛至
北半球美國加州、阿拉斯加及日本等太平洋海域覓食。曾出現於臺灣北部、東部及澎湖海域，飛
行及轉彎平直有力，常快速鼓翅，伴隨長距離滑翔。擅游泳及潛水，覓食時會互相追逐，以俯衝
入水、潛水或在海面浮游捕捉魚類、蝦及烏賊為食。

相似種

短尾水薙鳥、長尾水薙鳥、穴鳥

• 短尾水薙鳥嘴較短，鼻管長度占嘴長 1/3，額至嘴角度陡，體色較暗；飛行時
　翼尖較圓鈍，翼下覆羽非銀白色，尾較圓鈍，腳露出尾羽較多。

• 長尾水薙鳥暗色型腳粉紅色，停棲時翼尖未超過尾羽；飛行時翼常弓起，鼓
　翅較慢，翼下覆羽黑褐色，尾較長，腳未露出尾後。

• 穴鳥體型較小，頭較小，嘴較短，翼上具淡色弧形翼帶。

▲翼下覆羽銀白色。

◀飛行時翼直、窄長，翼下覆羽銀白色，初級覆羽最白。

▶全身黑褐色，尾略短，稍呈楔形。

短尾水薙鳥 / 短尾鸌 *Ardenna tenuirostris*

屬名:水薙鳥屬　　英名:Short-tailed Shearwater　　生息狀況:海 / 稀

▲全身黑褐色,喉灰色。

| 特徵 |

• 虹膜暗褐色。嘴短,黑色,鼻管長度占嘴長 1/3,額至嘴角度陡。腳灰黑色。

• 全身黑褐色,頭頂與後頸較黑,喉灰色,尾圓短。

• 停棲時翼尖超過尾羽。飛行時翼平直而窄長,翼尖圓鈍。翼下覆羽部分淡褐色,少數個體偏白
似灰水薙鳥(次級覆羽最白),腳露出尾後。

| 生態 |

繁殖於澳洲南部及東南部島嶼,非繁殖期 5 月至 8 月環繞北太平洋遷徙,北至白令海峽,偶見於
臺灣海域。飛行不規則而多變,振翅頻繁急促,間以短距滑翔。在海上結群活動,擅游泳及潛水,
捕捉魚類、烏賊及甲殼類為食,有時會跟隨漁船覓食。

相似種

長尾水薙鳥、灰水薙鳥

• 長尾水薙鳥暗色型嘴較長,腳粉紅色;飛行時翼較寬,弓起並向前伸,
鼓翅較慢,尾較長呈楔形,腳未露出尾後。

• 灰水薙鳥嘴細長,鼻管長度占嘴長 1/4,額至嘴角度較平緩,羽色較淡,
飛行時翼下覆羽銀白色,翼末端較尖,尾較尖長,稍呈楔形。

▲額至嘴角度陡，停棲時翼尖超過尾羽。

▲飛行時腳露出尾後。

▲飛行時翼下覆羽部分淡褐色，少數個體偏白似灰水薙鳥。

▲飛行不規則而多變，振翅頻繁急促，間以短距滑翔。

421

黑背白腹穴鳥 *Pseudobulweria rostrata*

屬名：擬燕鸌屬　　英名：Tahiti Petrel　　別名：褐擬燕鸌、鈎嘴圓尾鸌　　生息狀況：海／迷

鸌科

▲胸、腹至尾下覆羽白色，翼下覆羽淡色橫帶醒目，吳坤成攝。

| 特徵 |
- 虹膜暗褐色；嘴短，黑色；腳淡粉色，趾蹼黑色。
- 頭、喉、頸及背面黑褐色，胸、腹至尾下覆羽白色。
- 飛行時翼狹長，背面及翼下黑褐色，翼下覆羽中央有淡色橫帶。尾長而尖，收起成尖形，轉折時張開成楔形，腳不超出尾羽。

| 生態 |
分布於熱帶和亞熱帶太平洋，爲遠洋性海鳥，於南太平洋島嶼繁殖，非繁殖期少接近陸地，飛行輕盈，拍翅緩而有力。於海面啄食，食性不明，主要可能爲魚類。

相 似 種
穴鳥
- 腹面無白色。

鸛科
Ciconiidae

遍布全球各大陸溼地，為大型涉禽。雌雄相似，嘴長而粗壯，嘴基甚厚，至端部逐漸變細。頸長，飛行時頸伸直，嘴略朝下。翼長而寬，腳甚長，趾基部有蹼相連，第四趾能與前三趾對握，因而可棲息於樹上。生活於沼澤、河口、湖泊、田野等地帶，在淺水處及溼地活動覓食。以魚、貝、蛙、甲殼類及昆蟲為食，也捕食其他小型動物。採一夫一妻制，在高樹、岩石或人工建物上以樹枝營築大型巢位，雌雄共同孵蛋、育雛，雛鳥為晚成性。

黑鸛 *Ciconia nigra*

II L95~100cm.WS144~155cm

屬名：鸛屬　　英名：Black Stork　　生息狀況：冬、過／稀，冬／稀（金門）

▲成鳥，嘴、眼周裸皮及腳紅色。

| 特徵 |
- 雌雄同色。虹膜褐色。嘴、眼周裸皮及腳紅色。嘴長而尖，嘴基粗厚。
- 成鳥頭、頸、背面紫綠色帶金屬光澤，前頸下有短飾羽，下胸以下白色。
- 幼鳥嘴灰褐色，腳灰黃色。頭、頸、上胸灰褐色，頸、上胸有淡色羽緣。背灰藍色，下胸以下白色。
- 飛行時背面暗紫色，翼下脇羽及胸以下白色。

| 生態 |
繁殖於歐洲、亞洲中部至中國北方，越冬於非洲、印度及中國華南地區。單獨或成對出現於草澤、河口、湖泊及海岸溼地，以魚、兩棲類、甲殼類、昆蟲等為食。性機警，稍有干擾立即飛離。近年來每年都有一對黑鸛至金門度冬，2007年底還帶回一隻幼鳥度冬。

▲幼鳥頭、頸及上胸
灰褐色。

◀飛行時頸伸
直，嘴略朝下。

▶出現於草澤、
河口、湖泊及海
岸溼地。

東方白鸛 *Ciconia boyciana*

屬名：鸛屬　　英名：Oriental Stork　　別名：白鸛　　生息狀況：冬 / 稀

相似種

丹頂鶴
- 嘴灰黃色較短。
- 頭頂紅色，頸側黑色，腳灰黑色。

▲出現於開闊河口、淡水溼地及沼澤，攝於金山清水溼地。

| 特徵 |
- 雌雄同色。虹膜偏白，眼周裸皮及腳紅色。嘴黑色，長而尖，嘴基粗厚。
- 全身白色，前頸近胸處有飾羽。飛羽黑色。
- 飛行時初級、次級、三級飛羽及大覆羽黑色，其餘部分白色。

| 生態 |
繁殖於中國東北，越冬於中國長江下游及南方、朝鮮半島、日本等地。單獨出現於開闊河口、淡水溼地及沼澤，以魚、貝、兩棲類及甲殼類為食。在繁殖地常利用高樹、電塔及煙囪頂等人工建物築巢，1998 年曾有一對東方白鸛於關渡平原附近之高壓電塔築巢失敗，後來與民航機撞擊身亡；2006 年起雲林濁水溪口有穩定的度冬紀錄，並曾試圖繁殖。由於過度開發、棲地喪失、漁撈及人為干擾等因素，致使本種數量快速下降，因而名列全球「瀕危」鳥種。

▲韓國復育之 A20（右）與另一隻東方白鸛互動。

▲韓國復育 2020 年 5 月出生之雌幼鳥 A20，2020 年 11 月攝於金山。

▲以魚、貝、兩棲類及甲殼類為食。

▲虹膜偏白，眼周裸皮及腳紅色。

◀飛行時翼上黑白
相間宛如鋼琴鍵
盤。

▲飛行時飛羽及大覆羽黑色，其餘部分白色。

為廣布全球熱帶與亞熱帶海洋及島嶼之大型海鳥。棲息於海岸樹林中，雄成鳥體羽近黑色，具鮮紅色喉囊，求偶時膨脹如球，用以炫耀與吸引雌鳥；雌成鳥胸腹白色。嘴長，先端呈鉤狀；兩翼狹長，翼展超過 2 米；尾長，分叉深；腳細小，具蹼。胸肌發達，擅飛行，白天常於海面上巡弋，發現獵物立即俯衝獵食，主要以魚、蝦及軟體動物等為食，亦常憑藉高超的飛行技能，在空中搶奪其他海鳥的獵物。於偏遠海島上群集繁殖，雌雄共同孵蛋、育雛，雛鳥為晚成性。

聖誕島軍艦鳥 *Fregata andrewsi*

L89~100cm.WS205~230cm

屬名：軍艦鳥屬　　英名：Christmas Island Frigatebird　　別名：白腹軍艦鳥　　生息狀況：海／迷

▲雌鳥頸側、胸及腹白色，腹側白色往上延伸至腋下，林文崇攝。

| 特徵 |

• 虹膜暗褐色；雄鳥嘴深灰色至藍灰色，腳板岩灰色；雌鳥眼圈、嘴、喉囊及腳粉肉色。
• 雄鳥喉囊鮮紅色（非繁殖季較小而暗），除腹部具橢圓形白斑外，全身黑色，頭黑色具藍綠色光澤，多數翼覆羽具有寬闊淡褐色羽緣，飛行時翼上覆羽具淡褐色橫帶。
• 雌鳥較雄鳥大，頭、喉黑色無光澤，頸側、胸及腹白色，腹側白色往上延伸至腋下。
• 幼鳥及亞成鳥羽色漸變，幼鳥眼圈、嘴及腳淡藍灰色至淡粉肉色，頭、頸及上胸鏽紅色，背黑褐色，翼覆羽及肩有淺棕色羽緣，胸側及下胸窄橫帶暗褐色，腹部白色延伸至腋下及腹側。

| 生態 |

繁殖於印度洋東北部之聖誕島，於周邊海域覓食並廣泛分布，非繁殖季漂移至印度洋及太平洋部分地區。於雨林中築巢和棲息，擅飛行，常於高空盤旋，發現獵物會俯衝捕食，以飛魚、烏賊等為食，會盜取其他海鳥的獵物。

白斑軍艦鳥 *Fregata ariel*

屬名:軍艦鳥屬　　英名:Lesser Frigatebird　　別名:小軍艦鳥　　生息狀況:海 / 稀

軍艦鳥科

相似種

軍艦鳥
- 雄鳥腹面無白斑，雌鳥喉灰色。
- 雌鳥及幼鳥腹面白斑未延伸到翼下基部。

▲幼鳥腹部白色延伸至翼下基部。

| 特徵 |
- 虹膜褐色。嘴灰色。腳紅黑色。
- 雄鳥全身近黑色，喉囊紅色，脇有白斑延伸至翼下基部，飛行時翼上覆羽具淡褐色橫帶。
- 雌鳥頭至頸部黑色，眼周裸皮粉紅或灰藍色，背面黑褐色。胸、脇白色延伸至翼下基部，腹以下黑色。
- 幼鳥頭至頸部棕白色，背面黑褐色，胸有黑褐色橫帶，腹、脇白色延伸至翼下基部。

| 生態 |
分布於太平洋、印度洋及大西洋之局部，繁殖於熱帶、亞熱帶島嶼，幼鳥與亞成鳥散布於各海域。出現於臺灣沿海及離島，以夏季紀錄較多，冬季亦有紀錄，多為幼鳥。擅飛行，常隨熱氣流盤旋上升，有時振翅快速低掠水面，發現獵物會俯衝捕食，以魚、蝦及烏賊等為食，會在空中搶奪其他海鳥的獲物，也會掠奪其他海鳥的雛鳥與蛋。

▲會在空中搶奪其他
海鳥的獵物。

▲幼鳥，翼上覆羽
具淡褐色橫帶。

▶幼鳥背面黑褐色，
胸有黑褐色橫帶。

軍艦鳥 / 黑腹軍艦鳥 *Fregata minor* L85~105cm.WS205~230cm

屬名:軍艦鳥屬　　英名:Great Frigatebird　　別名:大軍艦鳥　　生息狀況:海 / 稀

相似種

白斑軍艦鳥
- 體型較小。
- 羽白斑延伸至翼下基部。
- 雌鳥喉黑色。

▲幼鳥頭頸帶鏽色。

| 特徵 |
- 虹膜褐色。雄鳥嘴青藍色,雌鳥粉色。成鳥腳偏紅色,幼鳥偏藍色。
- 雄鳥全身黑色而有光澤,喉囊紅色,飛行時翼上覆羽具淡褐色橫帶。
- 雌鳥眼周裸皮粉紅色,喉灰色,胸白色。
- 幼鳥頭至頸部白色或帶鏽色,背面、胸部黑褐色,腹部白斑呈橢圓形,翼下基部無或極少白色。

| 生態 |
分布於太平洋、印度洋及大西洋之局部,繁殖於熱帶海洋島嶼,遊蕩於整個熱帶、亞熱帶海洋,甚至溫帶地區。臺灣偶見於沿海及離島,多為幼鳥。擅飛行,常於高空盤旋,發現獵物會俯衝捕食,以魚、蝦及烏賊等為食,偶爾搶奪其他海鳥的獵物。

▲翼上覆羽具淡褐色橫帶。

軍艦鳥科

◀腳細小。

▶兩翼狹長。

▲臺灣偶見於沿海及離島,多為幼鳥。

鰹鳥科
Sulidae

分布於熱帶及亞熱帶海域，為大型海鳥，其中白腹鰹鳥在臺灣離島有繁殖族群。嘴粗長，先端尖，呈長圓錐形，眼周圍有裸露之皮膚。翼狹長，尾羽呈楔形，末端尖細。腳短，趾間均有蹼，為全蹼足。棲息於海洋、島嶼上，以魚類為主食，飛行力甚強，發現魚群時，會於空中定點振翅後俯衝入水捕食，集體築巢於島嶼之峭壁上。

藍臉鰹鳥 *Sula dactylatra*

L74~86cm.WS152~155cm

屬名：鰹鳥屬　　英名：Masked Booby　　生息狀況：海／稀

▲成鳥嘴基內側及眼周裸皮黑色。

| 特徵 |
- 雌雄同色，雌鳥體型較大。虹膜、嘴黃色。腳灰綠色。
- 成鳥嘴基內側、眼周裸皮、飛羽及尾羽黑色，其餘部分白色。
- 幼鳥及亞成鳥體羽漸變。幼鳥嘴基內側、眼周裸皮藍黑色；頭、背、翼上覆羽及尾羽深褐色，翼下具深褐色斑，其餘部分白色。

| 生態 |
分布遍及太平洋、印度洋及大西洋之熱帶、亞熱帶海域，繁殖於熱帶海洋島嶼上。除繁殖期外，大多於海上活動，擅飛行和游泳，常單獨或小群飛行於海面上空尋找獵物，或停棲於漂流物上。以飛魚、烏賊為主食，喜跟隨大型船隻，發現獵物即俯衝入水捕食。臺灣以基隆外海北方三島海域較常出現。

▲發現獵物即俯衝入水中捕食。

▲亞成鳥背及翼上覆羽仍有深褐色斑。

▲幼鳥頭、背、翼上覆羽及尾羽深褐色。

▲常單獨或小群飛行於海面上空尋找獵物。

▲以飛魚、烏賊為主食，喜跟隨大型船隻。

▶擅游泳，常停棲於海
面休息。

白腹鰹鳥 *Sula leucogaster*

L64~85cm.WS132~155cm

屬名:鰹鳥屬　　英名:Brown Booby　　別名:褐鰹鳥　　生息狀況:海 / 普

▲雄鳥嘴基內側及眼周裸皮淡藍色。

| 特徵 |

- 虹膜灰黃色。成鳥嘴乳黃色,幼鳥灰黃色。腳黃綠色。
- 雄鳥嘴基內側、眼周裸皮淡藍色,頭、頸、上胸及背面黑褐色,下胸至尾下覆羽白色。
- 雌鳥似雄鳥,但嘴基內側及眼周裸皮乳黃色。
- 飛行時,翼下覆羽白色,外緣及飛羽黑色。
- 幼鳥似雌鳥,但褐色較濃,下胸至尾下覆羽及翼下覆羽有黑褐色斑紋。

| 生態 |

分布於太平洋、印度洋及大西洋之熱帶、亞熱帶海域。單獨或成群出現於沿海海域,北部至東北部海域較常見,亦有過境族群。擅飛行,鼓翅有力,常貼著海面飛行尋找獵物,亦喜跟隨大型船隻,發現獵物即俯衝入水捕食,以魚、蝦及烏賊等為食。集體營巢於海島裸露岩石間,基隆北方海域之棉花嶼、花瓶嶼等離島有棲息族群。

▲雌鳥嘴基內側乳黃色。

▲翼下覆羽白色。

◀亞成鳥胸腹具黑褐色斑紋。

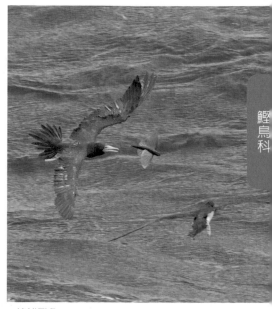

▲追捕飛魚。

◀幼鳥腹部褐色。

▲棉花嶼、花瓶嶼等離島有棲息族群。

紅腳鰹鳥 *Sula sula*

屬名:鰹鳥屬　　英名:Red-footed Booby　　生息狀況:海／稀

鰹鳥科

▲白色型成鳥，呂宏昌攝。

▲幼鳥嘴粉紅色，嘴先黑色。

| 特徵 |
- 虹膜灰黃色，眼周裸皮藍色。成鳥嘴灰藍色，嘴基粉紅色，幼鳥嘴粉紅色，嘴先黑色。腳鮮紅色。
- 具白色、褐色及中間型等幾種色型。白色型全身白色，僅初級飛羽及次級飛羽黑色。褐色型全身褐色。
- 幼鳥全身大致褐色，腹面羽色較淡。

| 生態 |
廣布於太平洋、印度洋及大西洋之熱帶、亞熱帶海域，為鰹鳥屬中體型最小的成員，偶爾出現於臺灣沿海海域。擅飛行，常在海上飛行覓食，亦喜跟隨大型船隻，發現獵物即收翅俯衝入水捕食，主食魚類、烏賊等。結群營巢於海島之矮灌叢或小喬木上，親鳥輪流覓食，反芻胃內的食糜餵食雛鳥。

▲白色型幼鳥。

▲褐色型全身褐色。

鸕鷀科
Phalacrocoracidae

廣布全球各地。雌雄同色，體羽大多為黑色，具金屬光澤，臉上有裸皮，頸長，具喉囊；嘴狹長，先端呈鉤狀。腳短，位於體後，趾間均有蹼，為全蹼足；尾長而硬，游泳時具舵之作用。常在海邊、河口、湖濱活動，擅潛水捕魚，主要以魚類和甲殼類為食。飛行呈直線，頸及腳伸直，常低飛掠過水面，成群則列隊飛行。羽毛易沾溼，常停棲於岩石或樹上張翼晾翅，久立不動。結群營巢於水域附近之懸崖峭壁、大樹或沼澤之矮樹上，雌雄共同孵蛋、育雛；餵食時，雛鳥將嘴伸入親鳥喉部啄食未完全消化之食物，雛鳥為晚成性。

海鸕鷀 *Urile pelagicus*

L51~76cm.WS91~102cm

屬名：紅臉鸕鷀屬　　　英名：Pelagic Cormorant　　　生息狀況：冬 / 稀

相似種

鸕鷀、丹氏鸕鷀
• 體型較大。
• 嘴基黃色。
• 繁殖羽頭部有白色細羽。

▲成鳥全身黑色具綠色光澤，頭、頸具紫綠色光澤。

| 特徵 |
• 虹膜綠色。嘴黑褐色。腳黑色粗短。
• 成鳥全身黑色具綠色光澤，頭、頸具紫綠色光澤。繁殖羽頭頂、後頭各有一銅綠色短冠羽。嘴基、眼周裸皮紅色，脇有白色粗斑。
• 非繁殖羽無冠羽，嘴基、眼周裸皮紅色不明顯，脇無白斑。
• 幼鳥全身大致褐色，虹膜褐色，無冠羽。

| 生態 |
分布於太平洋北部及西伯利亞東部沿海，多數為留鳥，少數越冬於美國加州、日本南部及中國沿海地區。出現於沿海、河口地帶，為典型的海洋性鸕鷀。喜停棲於礁岩、峭壁；擅游泳、潛水，常沿海面低空飛行，或在海岸附近游泳、潛水，追捕魚、蝦為食，兼食少量的海藻、海茱等。

▶幼鳥全身大致褐色，
虹膜褐色，無冠羽。

437

▲ 幼鳥，2008 年 12 月攝於馬崗漁港。

◀頭頂、後頭有短冠羽，頭、頸具紫綠色光澤。

▶繁殖於礁岩海岸岩壁上。

鸕鶿 *Phalacrocorax carbo*

L80~100cm.WS130~160cm

屬名：鸕鶿屬　　英名：Great Cormorant　　別名：普通鸕鶿　　生息狀況：冬／普

相似種

丹氏鸕鶿
- 嘴裂處之黃色裸皮區呈尖形。
- 肩羽、翼上覆羽黑綠色。
- 尾較短。
- 飛行時翼的位置較靠近身體後端。

▲ 嘉義鰲鼓溼地於 2021 年 9 月首度記錄鸕鶿築巢並成功繁殖。

| 特徵 |
- 虹膜碧綠色。上嘴黑色，下嘴灰白色，喉囊黃色；嘴裂處之黃色裸皮區呈圓形。腳黑色。
- 成鳥全身大致黑色具金屬光澤。繁殖羽下嘴基橄褐色，頭部有白色細羽。肩羽、翼上覆羽暗褐色，羽緣黑色。脇有白色粗斑。
- 非繁殖羽頭部無白色細羽，脇無白斑。
- 幼鳥全身大致深褐色，腹面羽色較淡。

| 生態 |
分布於歐洲、亞洲、非洲、澳洲及北美洲大西洋沿海，東亞族群越冬於中國南方、海南島、臺灣及東南亞，每年 10 月至翌年 4 月成群出現於河口、湖泊、草澤地帶。擅游泳、潛水，游泳時半身在水下，成群於海水或淡水水域潛水捕食魚、蝦。常停棲於岩石或樹枝上張翼晾翅。夜棲前，會聚集列隊飛回夜棲地，飛行呈人字或一字隊形。嘉義鰲鼓、臺南七股、高雄鳳山水庫及金門地區為臺灣主要度冬地區，其中以金門數量最多，數千隻鸕鶿落日歸巢，更成為金門慈湖特殊生態景觀。中國南方則有水上人家馴養鸕鶿捕魚，當地俗稱「烏鬼」。

▲繁殖羽頭部有白色細羽，脇有白色粗斑。

鸕鶿科

439

◀ 非繁殖羽，
脇無白斑。

▲幼鳥全身大致深褐色。

▶肩羽、翼上覆羽暗
褐色，羽緣黑色。

▲常停棲於岩石或樹上張翼晾翅，轉繁殖羽中。

▲非繁殖羽頭部無白色細羽,脇無白斑。

▲繁殖羽頭部有白色細羽,脇有白色粗斑。

▲嘴裂處之黃色裸皮區呈圓形。

▶親鳥取水為巢位降溫。

▲群棲於沙洲上。

441

丹氏鸕鷀 *Phalacrocorax capillatus*

L81~92cm.WS152cm

屬名:鸕鷀屬　　英名:Japanese Cormorant　　別名:暗綠背鸕鷀　　生息狀況:冬 / 稀

相 似 種

鸕鷀
• 嘴裂處之黃色裸皮區呈圓形。
• 肩羽、翼上覆羽暗褐色,尾較長。
• 飛行時翼的位置較靠近身體中間。

▲繁殖於礁岩海岸岩壁上,親鳥已褪為非繁殖羽。

| 特徵 |

• 虹膜碧綠色。上嘴黑色,下嘴灰白色,喉
　囊黃色;嘴裂處之黃色裸皮區向後延伸呈
　尖形。腳黑色。
• 成鳥全身大致黑色具金屬光澤。繁殖羽頭
　部有白色細羽。肩羽、翼上覆羽黑綠色,
　羽緣黑色。脇有白色粗斑。
• 非繁殖羽頭部無白色細羽,脇無白斑。
• 幼鳥背面暗褐色,胸、腹白色。

| 生態 |

繁殖於西伯利亞東南部、庫頁島、朝鮮、日
本北部及中國華北等沿海地區,冬季南遷至
日本南部、中國華南沿海及臺灣等地。出現
於沿海地帶,幾乎完全於海域活動,常沿海
面低飛,或在海岸附近游泳、潛水,追捕魚、
蝦為食,休息時常於岩石上張翼晾翅。臺灣
以北海岸及馬祖列島紀錄較多。

▲繁殖羽頭部有白色細羽,攝於新北市金山燭臺嶼。

▲右繁殖羽,左轉繁殖羽中。

▲群棲於金山燭臺嶼
的度冬族群。

◀嘴裂處黃色裸
皮區向後延伸呈
尖形。

▶幼鳥背面暗褐
色，胸、腹白色
有黑褐色斑。

▲於海岸附近潛水捕魚。

▲幼鳥,攝於新北市金山燭臺嶼。

鸕鷀與丹氏鸕鷀嘴部比較圖

▲鸕鷀嘴裂處黃色裸皮區呈圓形。　▲丹氏鸕鷀黃色裸皮區向後,延伸呈尖形。

分布於全球各大洲溫帶或熱帶水域，為超大型水鳥。雌雄同色，鼻孔小，嘴粗長，先端呈鉤狀，下嘴具大型喉囊，可自由伸縮。全身羽毛密而短，頸長，翼寬長，尾及腳短，趾間均有蹼，為全蹼足。棲息於沿海、湖泊、沼澤等水域，以魚類為主食，常於空中俯衝入水或浮游於水面捕食魚類，也會群體合作追趕、圍捕魚群。飛行或停棲時，常緊縮頸部呈 S 形，振翅緩慢。集體築巢於水域附近之地面或樹上，雌雄共同孵卵、育雛；雛鳥為晚成性。

卷羽鵜鶘 *Pelecanus crispus*

L160~180cm.WS310~345cm

屬名：鵜鶘屬　　英名：Dalmatian Pelican　　別名：灰鵜鶘　　生息狀況：迷

▲成鳥下嘴具淺黃色喉囊，陳進億攝。

| 特徵 |
- 雌雄同色。虹膜淺黃色，眼周裸皮黃白色。嘴鉛灰色，嘴尖黃色，下嘴具淺黃色喉囊，繁殖季橙色。腳灰黑色。
- 全身大致灰白色，頭上具捲曲冠羽。飛行時翼尖黑色。

| 生態 |
繁殖於東歐至中亞，越冬於非洲北部、希臘、土耳其、印度及中國東南沿海。棲息於沿海、河口、湖泊地帶，喜群棲，擅飛行及游泳，飛行時振翅緩慢，降落水面時常做長距離滑行。以魚類為主食，在水面利用巨大的喉囊捕魚。臺灣偶見於沿海、河口，多單獨出現。本種因棲地喪失及人為獵捕，致族群大量減少，名列全球「易危」鳥種。

▲幼鳥羽色較黯淡，有褐色覆羽。

▲成鳥全身大致灰白色，呂宏昌攝。

▲下嘴具大型喉囊，可自由伸縮。

▲在水面利用巨大的喉囊捕魚。

▶幼鳥頭、頸灰白色，
羽基呈深棕灰色，後頸
捲曲羽毛形成短冠。

▲併足踏地助跑起飛。

鷺科
Ardeidae

廣布於全球，大部分為遷徙性候鳥，8 種在臺灣繁殖。為中至大型鳥類，其中葦鷺屬雌雄異色，其他屬雌雄同色。嘴、頸、腳、趾均細長，適合涉水覓食，飛行及休息時，頸部常後縮成 S 形，飛行時雙腳後伸超過尾羽。主要生活於海邊、河岸、沼澤、湖岸等水域及溼地環境，少數於旱地生活。肉食性，以魚、蝦為主食，亦食蛙類、昆蟲、軟體動物等。繁殖時集體或單獨營巢於樹上或灌叢；雌雄共同孵蛋、育雛，雛鳥為晚成性。

大麻鷺 *Botaurus stellaris*

L64~80cm.WS125~135cm

屬名：大麻鷺屬　　英名：Great Bittern　　別名：大麻鳽　　生息狀況：冬 / 稀

▲警戒時常聳起頭、頸羽毛作威嚇狀。

| 特徵 |
- 雌雄同色。虹膜黃或褐色。嘴黃綠色，嘴峰偏黑，嘴基粗，先端尖細。腳黃綠色。
- 頭上黑色，頰、頸側黃褐色，有黑色顎線。背黃褐色，有黑色粗縱斑。喉、前頸白色，有黑褐色縱紋，腹淡黃褐色。
- 飛行時飛羽具黑褐色橫斑，與黃褐色覆羽成對比。

| 生態 |
分布於歐亞大陸、非洲及南亞，東亞族群冬季南遷至中國長江流域、東南沿海及東南亞。單獨出現於溼地、蘆葦草澤、溪流淺水處，性隱密機警，具良好保護色，警戒時就地凝神不動，嘴垂直上指，擬態成枯葉或枯枝，有時會聳起頭、頸羽毛作威嚇狀，遇干擾即隱身於草叢，或低飛離開。喜於晨昏活動覓食，有時亦於白天活動，以魚、蝦、蛙類及昆蟲為主食。繁殖期會發出低沉「澎～澎」如鼓鳴巨響，以宣示自己的存在，非繁殖期則變得安靜。

▲單獨出現於溼地、蘆葦草澤、溪流淺水處。

鷺科

447

▲飛行時飛羽具黑褐色橫斑，與黃褐色覆羽成對比。　▲單獨出現於溼地、蘆葦草澤、溪流淺水處。

▲性隱密機警，具良好保護色。　▲警戒時常就地凝神不動，嘴垂直上指擬態。

▲背黃褐色，有黑色粗縱斑。

黃小鷺 / 黃葦鷺 *Ixobrychus sinensis*

L30~40cm.WS45~53cm

屬名:葦鷺屬　英名:Yellow Bittern　別名:黃葦䴉　生息狀況:留、夏 / 不普

鷺科

相似種

栗小鷺、秋小鷺

•栗小鷺瞳孔呈橢圓形，體背為一致之栗紅色。
•秋小鷺瞳孔呈橢圓形，飛行時背、翼覆羽與飛羽形成三個不同色塊。

▲雄鳥翼覆羽土黃色。

| 特徵 |

• 虹膜黃色，瞳孔圓形，眼先黃綠色。嘴黃褐色，上緣黑色。腳黃綠色。

• 雄鳥額至頭上鉛黑色，額有灰色縱紋；後頸、背黃褐色，翼覆羽土黃色，飛羽、尾羽黑色。腹面黃白色，有黃褐色縱紋。

• 雌鳥似雄鳥，但額褐色有縱紋，肩及背暗褐色，有淡色條紋，翼覆羽灰褐色。

• 飛行時腳伸出尾端，黑色飛羽與黃褐色體背對比明顯。

• 幼鳥似雌鳥，頭上、背面有白色及黑褐色縱斑。

▲伸頸凝神等待獵物。

| 生態 |

分布於東亞、東南亞、南亞、印度等地。單獨或成對出現於平地至低海拔之草澤、池塘、水田、湖畔等水域草叢中。性隱密，常利用體色擬態，伸頸佇立於蘆葦叢中，也常漫步於水生植物上覓食小魚、蛙、甲殼類及水生昆蟲。

▲雌鳥翼覆羽灰褐色。

▲飛行時腳伸出尾端,飛羽黑色,雄鳥。

▲雌鳥額褐色有縱紋,肩及背暗褐色,有淡色條紋。

▲漫步於水生植物上覓食,幼鳥。

▲常利用體色伸頸佇立擬態。

▲飛行時黑色飛羽與黃褐色體背對比明顯,雄鳥。

▲幼鳥頭上背面有白色及黑褐色縱斑。

秋小鷺 / 紫背葦鷺 *Ixobrychus eurhythmus*

屬名:葦鷺屬　　英名:Schrenck's Bittern　　別名:紫背葦鳽　　生息狀況:過 / 稀

相 似 種

黃小鷺、栗小鷺
- 黃小鷺瞳孔圓形,背黃褐色。
- 栗小鷺雄鳥體背為一致之栗紅色; 雌鳥背面羽色較淺,斑點較少。

▲雄鳥背紫栗色,翼覆羽淡黃褐色,李日偉攝。

| 特徵 |
- 虹膜黃色,瞳孔呈橢圓形,後側有黑斑, 眼先黃色。上嘴緣黑色,下嘴黃色。腳 綠色。
- 雄鳥頭上黑色,背紫栗色,翼覆羽淡黃 褐色,飛羽、尾羽黑色。腹面淡黃褐色, 喉至胸中央有黑褐色縱紋。
- 雌鳥背面褐色較重,具黑、白及褐色斑 點;腹面汙白色,頸至胸有數條暗褐色 縱紋。
- 飛行時翼下灰色,背、翼覆羽與飛羽形 成三個不同色塊。

▲雌鳥背及翼覆羽滿布白色羽緣及珠狀斑點,林泉池攝。

| 生態 |
繁殖於西伯利亞東南部、中國東部、朝鮮 半島及日本,冬季南遷至華南、中南半島、 菲律賓、印尼及馬來群島等。出現於蘆葦 草澤、稻田、溼地、湖畔或河畔,性孤僻 羞怯,多潛匿於草叢中,少見其蹤影。好 吃小魚、蝦蟹、蛙類及水生昆蟲。

▲性孤僻羞怯,多潛匿於草叢中,圖為雌鳥,林泉池攝。

鷺科

栗小鷺 / 栗葦鷺 *Ixobrychus cinnamomeus*

屬名：葦鷺屬　　英名：Cinnamon Bittern　　別名：栗葦鳽　　生息狀況：留 / 不普

> **相似種**
>
> **黃小鷺、秋小鷺**
> • 黃小鷺瞳孔圓形，飛羽、尾羽黑色。
> • 秋小鷺飛行時背、翼覆羽與飛羽形成三個不同色塊；雌鳥背面羽色較暗，斑點較多。

▲雄鳥背面栗紅色。

| 特徵 |

• 虹膜黃色，瞳孔呈橢圓形，後側有黑斑。
眼先黃色，繁殖期呈桃紅婚姻色。嘴黃色，
上緣黑色。腳黃綠色。

• 雄鳥背面栗紅色，腹面淡黃褐色，喉至胸
中央有黑褐色縱紋，兩旁有白色縱紋，胸
側雜有黑、白色斑；飛行時體呈一致栗紅
色。

• 雌鳥背面暗褐色，有白色斑點；腹面汙白
色，有數條暗褐色縱紋。

• 幼鳥似雌鳥，背有淡色羽緣。

▲雄鳥喉至胸中央有黑褐色縱紋。

| 生態 |

分布於東亞、東南亞、南亞、印度等地，單
獨出現於平地至低海拔之草澤、池畔、河
畔、水田等水域草叢中。性羞怯隱密，具良
好保護色，常伸頸佇立於蘆葦叢中擬態，不
易被發現。喜貼近草叢低飛，振翅緩慢，常
於草澤漫步覓食小魚、蛙、甲殼類及水生昆
蟲。

▲雌鳥腹面有數條暗褐色縱紋。

▲飛行時體羽呈一致栗紅色。

▲幼鳥背面有淡色羽緣。

▲雌鳥背面暗褐色，有白色斑點。

▶繁殖期嘴基呈桃紅婚姻色。

▲於草澤漫步覓食。

▲喜低飛，振翅緩慢。

黃頸黑鷺 *Ixobrychus flavicollis*

屬名:葦鷺屬　　英名:Black Bittern　　別名:黑葦鳽、黑鳽　　生息狀況:過、冬/稀

▲雄鳥背面黑色頸側橙黃色。

| 特徵 |
- 虹膜紅色或褐色。嘴、腳黑褐色。
- 雄鳥背面黑色，喉具黑色及黃色縱紋，頸至胸深褐色，具黑、白色縱斑，頸側橙黃色，常隱而不見；腹以下黑色。
- 雌鳥似雄鳥，但背面黑褐色，頸至胸白斑較多，頸側橙黃色較淡。
- 幼鳥背面有黃褐色羽緣。

| 生態 |
分布於印度、尼泊爾、中國南部、東南亞、澳洲及紐西蘭等地。出現於低海拔溪畔、池畔、沼澤、稻田等水域，以魚、蝦、螺、蛙類及昆蟲為食。性羞怯，喜於植叢茂密的水域活動，採靜立、低伏姿態等待獵物靠近，或漫步於淺水域獵食。

▲漫步於浮水植物上獵食。

▲雌鳥背面黑褐色。

蒼鷺 *Ardea cinerea*

屬名:蒼鷺屬　英名:Gray Heron　別名:灰鷺、海倚仔（臺）　生息狀況:冬／普

相似種

紫鷺
• 體型較小，頸紅褐色。
• 背部羽色較暗。

▲成鳥翼角黑色醒目。

| 特徵 |

• 雌雄同色。虹膜黃色。嘴、腳黃褐色。
• 成鳥頭灰白色，頭上兩側有黑色飾羽。頸甚長，前頸至胸白色，有數條黑色縱紋；頸側、背面灰色，背有飾羽；腹以下灰白色。
• 亞成鳥頭及頰灰色較濃，背面略帶褐色。

| 生態 |

分布於歐洲、亞洲、非洲等地，爲鷺科中體型最大者。單獨或成群與其他鷺科混群於河口、沙洲、沼澤、魚塭及湖泊等水域地帶，常緩步尋找獵物，或佇立於淺水區，靜待魚、蝦上門。動作和緩，休息時會將長頸縮入翅下；飛行鼓翅緩慢，頸縮於背成 Z 字形。以魚、蟹、蛙類或昆蟲爲食，常發出高音階的「刮、刮」聲。俗稱「海倚（ㄎㄧㄚ）仔」，爲漁民對蒼鷺長時間佇立等候獵物之習性最傳神的形容。

▲黑色飛羽與灰色覆羽對比明顯。

◀幼鳥背面灰褐色。

▲一齡冬羽。

◀飛行鼓翅緩慢，頸
縮於背呈 Z 字形。

▲以魚蟹、蛙類或昆蟲為食。

紫鷺 / 草鷺 *Ardea purpurea*

屬名：蒼鷺屬　　英名：Purple Heron　　生息狀況：留、冬 / 稀

相似種

蒼鷺
• 體型較大，頸灰白色，背灰色。

▲紫鷺已成為臺灣留鳥。

| 特徵 |

• 雌雄同色。虹膜黃色。嘴、腳黃褐色。

• 成鳥額、頭上至後頸藍黑色，後頭有飾羽。頸細長，紅褐色，兩側有藍黑色縱帶，背暗灰色，有灰色及紅褐色簑狀飾羽，肩羽栗褐色。喉及前頸白色，下頸有灰白色簑狀飾羽，胸、腹藍黑色。

• 飛行時初、次級飛羽灰黑色，翼下覆羽紅褐色。

• 亞成鳥似成鳥，但頭上紅褐色，無飾羽；前頸有暗色縱紋，頸側縱帶不明顯，覆羽羽緣紅褐色，頸、背無飾羽。

▲飛行時初、次級飛羽灰黑色，翼下覆羽紅褐色。

| 生態 |

分布於非洲、歐洲、西伯利亞東南部、中國東北及東部、南亞及東南亞。單獨出現於草澤、湖泊、稻田、蘆葦地等，行動緩慢，常漫步於淺水草叢或蘆葦叢中覓食，警戒時靜立引頸觀望，如有異狀立即起飛。飛行時鼓翼緩慢，縮頸成 Z 字形，兩腿向後伸直。以小魚、蝦、蛙類或昆蟲為食。

▲ 2011 年首度於宜蘭下埔繁殖成功。

▲成鳥頭上至後頸藍黑色，後頭有飾羽，頸、背具簑羽。

▲孵蛋中的成鳥，攝於 2011 年 5 月。

▲亞成鳥覆羽羽緣紅褐色。

▲繁殖期嘴、腳具粉紅婚姻色。

◀晾翅做日光浴。

大白鷺 *Ardea alba*

L80~104cm.WS140~170cm

屬名:蒼鷺屬　　英名:Great Egret　　別名:白翎鷥（臺）　　生息狀況:夏/不普，冬/普

| 相 似 種 |

小白鷺、中白鷺
- 小白鷺體型較小，冬、夏嘴皆為黑色，趾黃綠色。
- 中白鷺體型較小，嘴裂僅至眼下。

▲嘴裂深，超過眼後，腳、趾黑色。

| 特徵 |
- 雌雄同色。虹膜黃色。嘴裂深，超過眼後。腳、趾黑色。
- 全身白色，頸、腳甚長。繁殖羽嘴黑色，眼先藍綠色，背及胸部有簑狀長飾羽，腿部帶粉紅色。
- 非繁殖羽嘴黃色，眼先黃綠色，背及胸無飾羽。

| 生態 |
廣布於非洲、歐亞大陸、中國、印度、東南亞、澳洲及美洲等地。出現於海邊、河口、溼地、湖岸、水田等水域地帶，每年9、10月抵達，至翌年5月離開，部分地區終年可見。主食魚蝦、甲殼類、軟體動物、昆蟲、蝌蚪和蛙類等，常混群於中、小白鷺群，伸長脖子漫步水中，不時以腳擾動水底，捕食受驚嚇的魚蝦。性機警，休息或飛行時，常緊縮頸部呈S形，飛行振翅緩慢。

▲繁殖羽嘴黑色，眼先藍綠色。

▲飛行時頸部呈S形。

459

◀出現於水域地帶，部分地
區終年可見，繁殖羽。

▲漫步水中捕食受驚嚇之魚蝦。

◀繁殖羽嘴黑色，眼先
藍綠色，腿部帶粉紅色。

▲非繁殖羽嘴黃色，眼先黃綠色，背及胸無飾羽。

中白鷺 *Ardea intermedia*

L65~72cm.WS105~115cm

屬名：蒼鷺屬　　英名：Intermediate Egret　　別名：白翎鷥（臺）　　生息狀況：冬／普，夏／稀

▲繁殖羽嘴黑色，眼先呈黃綠婚姻色。

| 特徵 |

- **雌雄**同色。虹膜及眼先黃色，嘴裂至眼下。腳、趾黑色。
- 全身白色。繁殖羽嘴黑色，背及胸部有簑狀長飾羽。
- 非繁殖羽嘴黃色，先端黑色，背及胸無飾羽。

| 生態 |

廣布於非洲、歐亞大陸、中國、印度、東南亞及澳洲等地。出現於海邊、灘地、河口、溼地、湖岸、水田等水域地帶，常混於小白鷺及大白鷺群中，食性似大、小白鷺。

▲出現於海邊、溼地、湖岸、水田等水域地帶。

相 似 種

小白鷺、大白鷺、唐白鷺
- 小白鷺體型略小，冬、夏嘴皆為黑色，趾黃綠色。
- 大白鷺體型較大，嘴裂超過眼後，頸、腳較長。
- 唐白鷺趾黃色，繁殖羽嘴橙黃色，後頭有飾羽。

▲繁殖羽背及胸部有簑狀長飾羽。

▲非繁殖羽。

◀嘴裂至眼下，
非繁殖羽。

▶非繁殖羽，嘴
黃色，先端黑色。

白臉鷺 *Egretta novaehollandiae*

L58~69cm.WS106cm

屬名 : 白鷺屬　　英名 :White-faced Heron　　生息狀況 : 迷

▲成鳥額、臉及喉白色，頸、背面鼠灰色，劉倖君攝。

| 特徵 |

- 雌雄同色。虹膜灰色、綠色或暗黃色，眼先黑色。嘴黑色，下嘴基灰白色。腳深黃綠色。
- 成鳥額、臉及喉白色，頸、背面鼠灰色，繁殖期前頸、胸有紅棕色簑狀飾羽，背部有灰色飾羽，腹灰色。
- 幼鳥僅喉白色，頸背無簑羽及飾羽。

| 生態 |

分布澳洲、紐西蘭、新幾內亞及印尼。生活於海岸、河口、溼地等水域地帶，也會出現於草地及公園環境，以靜待、漫步搜尋或快跑追擊方式，飛快地啄食魚蝦、昆蟲、蛙類等為食。臺灣僅1990年10月高雄一筆紀錄。

鷺科

唐白鷺 *Egretta eulophotes*

II　L65~68cm.WS99cm

屬名:白鷺屬　　英名:Chinese Egret　　別名:黃嘴白鷺　　生息狀況:過 / 不普，冬 / 稀

相似種

小白鷺、黃頭鷺、岩鷺、中白鷺
- 小白鷺嘴黑色。
- 黃頭鷺嘴較粗短，趾非黃色。
- 白色型岩鷺腳較粗短。
- 中白鷺頸、腳皆長，腳、趾黑色。

▲繁殖羽，嘴橘黃色，眼先藍色，腳黑色，趾黃色。

| 特徵 |
- 雌雄同色。全身白色。虹膜黃色。
- 繁殖羽嘴橘黃色，眼先藍色。腳黑色，趾黃色。後頭有 10 餘枚長飾羽，背及前頸下部有簑狀飾羽。
- 非繁殖羽嘴黑褐色，下嘴基黃色，眼先、腳轉為黃綠色，無飾羽。

| 生態 |
繁殖於朝鮮半島西部沿海島嶼及中國東部島嶼，冬季南遷菲律賓、婆羅州、馬來半島等地越冬。單獨或成小群出現於海岸泥灘、潮間帶、河岸溼地或水田，主要以昆蟲、小魚、蝦蟹、蛙類等為食，常佇立於水邊，伺機捕食水中獵物。每年 4 ～ 6 月和 9 ～ 11 月為過境期。由於棲地喪失與汙染，族群不斷減少，名列全球「易危」鳥種。

▲單獨或小群出現於海岸泥灘、潮間帶、河岸溼地或水田。

▶繁殖羽後頭有長飾羽，背及前頸下部有簑狀長飾羽。

▲左為唐白鷺，右為小白鷺。

▲非繁殖羽眼先及腳黃綠色。

▲於水域伺機捕食水中獵物。

▲搶奪大白鷺漁獲。

◀覓食時常有歪頸行為。

小白鷺 *Egretta garzetta*

屬名:白鷺屬　　英名:Little Egret　　別名:白翎鷥（臺）　　生息狀況:留／不普，夏、冬、過／普

相似種

黃頭鷺、唐白鷺、岩鷺、中白鷺、大白鷺

- 黃頭鷺嘴黃色，較粗短。
- 唐白鷺繁殖羽嘴橘黃色，眼先藍色，後頭有十餘枚長飾羽；非繁殖羽嘴黑褐色，腳黃綠色。
- 白色型岩鷺嘴黃褐色，腳粗短，黃綠色或黃褐色。
- 中、大白鷺體型較大。

▲出現於平地至低海拔山區之水域及溼地。

| 特徵 |

- 雌雄同色。虹膜黃色。嘴、腳黑色，趾黃綠色。
- 全身白色，繁殖羽後頭有 2 枚長飾羽，背及胸部有簑狀飾羽，繁殖期眼先粉紅色。
- 非繁殖羽後頭及胸、背無飾羽，眼先黃色。
- 幼鳥下嘴帶粉色，腳黃綠色。

| 生態 |

廣布於歐洲、亞洲、非洲及澳洲，出現於平地至低海拔山區之水域及溼地，大多為留鳥，少數會遷徙。肉食性，以魚、蝦、蛙、水生昆蟲等為食，覓食時常以腳擾動水底，捕食受驚嚇之魚、蝦。繁殖期會與黃頭鷺、夜鷺集體築巢於竹林、相思樹及木麻黃等樹上。

▲繁殖前期眼先及腳趾呈桃紅婚姻色。

▲非繁殖羽後頭及胸、背無飾羽，眼先黃色。

▲黑化之暗色型體羽暗灰色。

▲幼鳥下嘴帶粉色，腳黃綠色。

▲飛行時縮起頸部。

▲暗色型體羽夾雜斑駁白色羽毛。

▲繁殖羽後頭有 2 枚長飾羽，背及胸部有簑狀飾羽。

岩鷺 *Egretta sacra*

屬名:白鷺屬　　英名:Pacific Reef-Heron　　別名:黑鷺　　生息狀況:留/不普

相 似 種

黃頭鷺、唐白鷺、小白鷺
- 白色型岩鷺與其他白鷺之區別為腳偏綠且相對較粗短。
- 黃頭鷺體型較小，嘴較短，腳較細長。
- 唐白鷺腳較細長。
- 小白鷺嘴、腳黑色，趾黃綠色。

▲佇立或漫步於礁岩、潮間帶上獵食，白色型。

| 特徵 |
- 雌雄同色。本種有白色及暗色兩種型態，以暗色型居多，具短冠羽，體色變化大，嘴、腳顏色也有個體差異。
- 虹膜黃色。嘴黃色、黃褐色或黑褐色。腳粗短，黃褐、黃綠或黑褐色，趾黃色。
- 暗色型全身石板黑色至黑褐色，亦有喉部白色之個體；白色型全身白色。
- 繁殖期前頸及背有簑狀飾羽。

▲常於礁岩伺機捕食魚蟹。

| 生態 |
分布於東亞、東南亞、澳洲、紐西蘭與西太平洋沿岸。為典型的海岸鳥類，單獨或成對出現於沿海礁石地帶，常佇立或漫步於礁岩、潮間帶上，伺機捕食蟹類、小魚或軟體動物，飛行時常貼近海面。

▶常貼近海面飛行。

鷺科

▲繁殖期前頸及背有
簑狀飾羽。

◀白色型較少
見。

▶岩鷺為典
型海岸鳥類。

469

▲有張翅遮陽之獵食
動作。

◀白色型與暗色
型共同繁殖。

▶腳粗短，黃褐、
黃綠或黑褐色，
趾黃色。

白頸黑鷺 *Egretta picata*

屬名:白鷺屬　　英名:Pied Heron　　生息狀況:迷

▲成鳥下頰、喉至頸白色，前頸下有白色長飾羽。

| 特徵 |
- 雌雄同色。虹膜、嘴及腳黃色。
- 成鳥下頰、喉至頸白色，其餘藍黑色，後頭有藍黑色飾羽，前頸下有白色長飾羽覆蓋胸部。
- 幼鳥頭全白而無飾羽。

| 生態 |
分布於澳洲北部、印尼蘇拉威西島至新幾內亞，臺灣除 1984 年屏東林邊一筆紀錄外，近年來僅 2003 年 12 月至翌年 4 月宜蘭塭底一筆紀錄。出現於草澤、魚塭及水田等地帶，性機警，動作敏捷俐落，常混於鷺群中覓食，採靜待或漫步搜尋獵物，以魚蝦、昆蟲、蛙類等為食。

相似種

黃頸黑鷺
- 虹膜紅色，嘴、腳黑褐色。
- 頸至胸栗紅色，具黑、白色縱斑。

▲背面及飛羽藍黑色。

471

黃頭鷺 / 牛背鷺 *Bubulcus ibis*

屬名：牛背鷺屬　　英名：Cattle Egret　　生息狀況：留 / 不普，夏、冬、過 / 普

鷺科

相似種

小白鷺、唐白鷺、中白鷺、岩鷺
- 小白鷺全身白色，嘴黑色較長，趾黃綠色。
- 唐白鷺全身白色，趾黃色。
- 中白鷺體型較大，嘴較長，繁殖羽嘴黑色。
- 白色型岩鷺體型較大，嘴較長，腳較粗短。

▲繁殖期嘴基呈桃紅婚姻色。

| 特徵 |
- 雌雄同色。虹膜黃色。嘴黃或橙黃色。腳、趾黑至黃褐色。
- 繁殖羽頭、頸及背部中央飾羽橙黃色，其餘部分白色。繁殖期部分個體嘴基及腳呈桃紅婚姻色。
- 非繁殖羽全身白色，無飾羽，亦有頭部略帶黃色之個體，腳、趾黑色。

| 生態 |
出現於平地至低海拔之旱田、沼澤、草地及牧場等地帶。以昆蟲為主食，兼食魚、蛙類。常停棲於牛背上，故俗名為牛背鷺。群棲性，於繁殖期與小白鷺、夜鷺等集體築巢於竹林、相思樹及木麻黃等樹上。全年可見，有明顯遷徙現象，春季常於海岸見其成群遷徙，每年秋季，墾丁龍鑾潭會有數百至上千隻之大群集結準備南遷。

▲繁殖羽頭、頸及背部中央飾羽橙黃色。

▲非繁殖羽全身白色，無飾羽。

▲黃頭鷺有明顯遷徙現象。

◀雛鳥。

▶育雛中。

印度池鷺 *Ardeola grayii*

屬名:池鷺屬　　英名:Indian Pond-Heron　　生息狀況:迷

| 相 似 種 |

爪哇池鷺
• 繁殖羽背部藍黑色。

▲非繁殖羽嘴峰黑色，頭、頸、胸淡褐色，具黑褐色縱紋。

▲繁殖羽嘴黃色，先端黑色。頭、頸淡橙色，背有栗褐色簑羽，林禮榮攝。

| 特徵 |
• 虹膜、眼先黃色；腳黃褐至黃綠色。
• 繁殖羽嘴黃色，先端黑色。頭、頸淡橙色，胸紅褐色，背有栗褐色簑羽，喉、腹部、翼及尾羽白色。
• 非繁殖羽嘴峰黑色，頭、頸、胸淡褐色，具黑褐色縱紋；背暗灰褐色。
• 飛行時腳伸出尾端，翼及尾羽白色，與體色對比明顯。

▲漫步獵取魚、蝦。

| 生態 |
分布於波斯灣北部、東至印度、緬甸、安達曼及尼科巴群島，多季南遷至馬來半島西北。出現於溪流、湖泊、沼澤、稻田、水庫、灘地及紅樹林等地帶，單獨或成群採靜立等待獵物，或漫步水中獵取魚、蝦蟹、蛙及昆蟲等為食。

▲非繁殖羽背暗灰褐色。

池鷺 *Ardeola bacchus*

屬名：池鷺屬　英名：Chinese Pond-Heron　別名：沼鷺、中國池鷺　生息狀況：冬／稀，夏、過／普（馬祖）

鷺科

相｜似｜種

爪哇池鷺
・繁殖羽頭、頸淡橙色，胸紅褐色，羽色較淡，後頸飾羽不明顯。
・非繁殖羽背灰褐色。

▲繁殖羽頭、頸栗紅色，背有藍黑色長簑羽。

▲出現於草澤、稻田、池塘與草地。

| 特徵 |
・雌雄同色，雌鳥體型略小。虹膜、眼先黃色。腳橙黃色。
・繁殖羽嘴黃色，先端黑色。頭、頸栗紅色，後頸有長飾羽，胸具栗紫色長簑羽，背有藍黑色長簑羽。喉、腹、翼及尾羽白色。
・非繁殖羽嘴黃褐色，先端黑色，無長簑羽與飾羽，頭、頸、胸淡褐色具黑褐色縱紋；背深褐色，腹以下白色。
・飛行時腳伸出尾端，翼及尾羽白色，與體色對比明顯。

▲非繁殖羽頭、頸、胸淡褐色具黑褐色縱紋。

| 生態 |
繁殖於西伯利亞、蒙古及中國，冬季南遷至東南亞度冬。單獨或成小群出現於草澤、稻田、池塘與草地等處，靜立水邊或漫步於草地，攝取魚、蝦、蛙、螺及昆蟲等為食。飛行慢而平穩，鼓翼緩慢。

▲飛行時翼與體色對比明顯。

475

爪哇池鷺 *Ardeola speciosa*

屬名：池鷺屬　　英名：Javan Pond-Heron　　生息狀況：迷

鷺科

▲繁殖羽頭、頸淡橙色，背有藍黑色簑羽。

| 特徵 |
• 虹膜、眼先黃色。腳黃綠色。
• 繁殖羽嘴黃色，先端黑色。頭、頸淡橙色，胸紅褐色具
　簑羽，背有藍黑色簑羽。喉、腹部、翼及尾羽白色。
• 非繁殖羽嘴峰黑色，頭、頸、胸淡褐色，具黑褐色縱紋；
　背灰褐色。
• 飛行時腳伸出尾端，翼及尾羽白色，與體色對比明顯。

| 生態 |
分布於印尼、泰國及中南半島南部。2006 年 8 月於桃園
大園首度發現，其後消失一段時間又出現，歷經非繁殖
羽、繁殖羽色轉換，始確認為爪哇池鷺。出現於溪畔、
草澤、溼地、池塘等地帶，採靜立等待獵物，或漫步水
中獵取魚、蝦、蟹及昆蟲等為食。

▲繁殖羽羽色較池鷺淡。

▲非繁殖羽背灰褐色。

▲飛行時翼及尾羽白
色，與體色對比明顯。

476

綠簑鷺 *Butorides striata*

L35~48cm.WS52~60cm

屬名:綠鷺屬　　英名:Striated Heron　　別名:綠鷺　　生息狀況:留／不普，過／稀

相似種

夜鷺

- 體型粗壯，虹膜紅色，翼偏灰，無白色羽緣。
- 飛行時，翼與背對比明顯；幼鳥背面羽色較淡，有淡褐色斑點。

▲常於水邊岩石或樹枝上擬態，伺機捕食水中之魚類，幼鳥。

| 特徵 |

- 虹膜黃色，眼先黃綠色。嘴黑色。腳黃綠色。
- 成鳥頭上藍黑色，後頭有冠羽，背羽灰藍色如簑衣，翼藍色有白色菱狀羽緣。顎線黑色，喉白色，腹面灰色，中央有白色縱紋。
- 幼鳥頭上近黑，有白色細縱紋，背面暗褐色，翼有白色斑點；腹面白色，有暗褐色縱紋。

▲繁殖羽嘴黑色。

| 生態 |

分布於非洲、印度、東亞、東南亞、澳洲及南美洲等地，單獨出現於低海拔山區溪畔，也會出現於海岸、紅樹林、潮間帶等水域，常佇立於水邊岩石或樹枝上「擬態」，伺機捕食水中之魚類，亦食蛙類、昆蟲，部分為過境鳥。

▲綠簑鷺為不普遍留鳥。

▲翼藍綠色有白色菱
狀羽緣，非繁殖羽下
嘴黃綠色。

◀幼鳥翼有白色
斑點，腹面有暗
褐色縱紋。

▶成鳥頭上藍黑色，
後頭有冠羽，背羽
灰藍色如簑衣。

478

夜鷺 *Nycticorax nycticorax*

L58~66cm.WS105~112cm

屬名:夜鷺屬　英名:Black-crowned Night-Heron　別名:暗光鳥（臺）　生息狀況:留/普,冬、過/稀

鷺科

相似種

綠簑鷺
- 體型較纖細，虹膜黃色，翼有白色羽緣。
- 亞成鳥背面羽色較暗，僅翼有白色斑點。

▲成鳥虹膜紅色。

| 特徵 |
- 嘴黑色，腳黃色。
- 成鳥虹膜橙色，繁殖期虹膜紅色。眉紋白色於額前相連，頭上、背面深藍色具金屬光澤，後頭有 2~3 根白色長飾羽。胸側、翼與尾羽灰色，腹面汙白色。
- 幼鳥虹膜黃或橙色，背面灰褐色，有淡褐色縱斑，翼有白色點斑，腹面羽色較淡，有褐色縱紋。

| 生態 |
分布於歐亞大陸至日本、東南亞、印度及非洲、美洲、澳洲等地，常成小群出現於湖泊、溪流、魚塭、沙洲等水域地帶，多於晨昏或夜間活動，常早出晚歸往返於棲息地與覓食地之間，採靜立等待獵物或漫步水中獵食，主要食物為魚蝦、昆蟲、蛙類等。白天群棲於樹上休息，停棲時常緊縮頸部，單足佇立，飛行時常發出「嘎…嘎」粗啞、低沉的叫聲。繁殖期與小白鷺、黃頭鷺集體築巢於竹林、相思樹、木麻黃等樹上。

▲成鳥後頭有 2~3 根白色長飾羽。

▲夜鷺為普遍留鳥。

◀一齡冬羽。

▲繁殖期眼先藍色，腳鮮紅色。

◀於魚塭捕魚。

▲幼鳥背面灰褐色，有淡褐色縱斑，翼有白色點斑。

棕夜鷺 *Nycticorax caledonicus*

L55~65cm.WS95~116cm

屬名:夜鷺屬　　英名:Rufous Night-Heron　　別名:紫花夜鷺　　生息狀況:迷

▲繁殖期腳呈粉紅婚姻色，2018 年 4 月攝於桃園大園。

| 特徵 |

· 虹膜黃色，眼先藍綠色。嘴黑色。腳黃褐
色，繁殖期粉紅色。

· 成鳥頭上黑色，後頭有 2 根白色長飾羽，
眉線白色，背部、翼與尾羽紅棕色，頰、
頸側及胸紅棕色較淡，腹部白色。

| 生態 |

分布於印尼、菲律賓、新幾內亞及澳洲，生
活於河口、紅樹林、沼澤、湖岸等地帶。單
獨出現於魚塭、海岸防風林等地，夜行性，
白天與夜鷺群棲於樹上休息，晨昏或夜間始
飛至魚塭、池塘水邊覓食，採靜立等待獵
物，或漫步水中獵取魚蝦、昆蟲、蛙類等為
食。

▲成鳥頭上黑色，後頭有 2 根白色長飾羽，2008 年
4 月攝於桃園大園。

▶棕夜鷺別
名紫花夜鷺。

481

▲於埤塘捕魚。

◀單獨出現於魚塭、海岸防風林等地。

▶於魚塭、池塘水邊覓食，靜立等待獵物。

麻鷺 *Gorsachius goisagi*

III | L48~49cm.WS87~89cm

屬名:麻鷺屬　　　英名:Japanese Night-Heron　　　別名:栗頭虎斑鳽、栗頭鳽　　　生息狀況:過／稀

▲頭上暗灰褐色，後頭有不明顯紅褐色冠羽。

| 特徵 |

• 虹膜橙黃色。繁殖期眼先藍色，非繁殖期黃綠色。嘴黃綠色，嘴峰偏黑。腳黃綠色。
• 成鳥頭上暗灰褐色，後頭有不明顯紅褐色冠羽，臉、頸側、胸側紅褐色。背面灰褐至紅褐色，有黑色細橫連紋。腹面淡黃褐色，中央有深褐色縱紋，腹部有黑褐色斑。

| 生態 |

繁殖於日本，度冬於菲律賓及南洋群島，臺灣位於其遷徙的路徑上。出現於海岸防風林、低海拔山區樹林、溪畔等地帶，夜行性，以蚯蚓、昆蟲、小魚等為食，常於晨昏單獨於林緣地面覓食。本種因族群稀少，加上棲地喪失，名列全球「瀕危」鳥種。

▲背面灰褐至紅褐色，有黑色細橫連紋。

相似種

黑冠麻鷺

• 頭上藍黑色，後頭有長冠羽。
• 飛行時飛羽黑色，翼尖白色。

▲晨昏單獨於林緣地面覓食。

黑冠麻鷺 *Gorsachius melanolophus*

L45~49cm.WS86~87cm

屬名：麻鷺屬　　英名：Malayan Night-Heron　　別名：黑冠虎斑鳽、黑冠鳽　　生息狀況：留／普

相│似│種

麻鷺、夜鷺
- 麻鷺頭上暗灰褐色，冠羽不明顯，初級飛羽末端無白斑。
- 夜鷺亞成鳥眼橙色，背面有許多白斑。

▲繁殖期嘴基、眼先及眼周藍色。

| 特徵 |

- 虹膜黃色。繁殖期嘴基、眼先、眼周藍色，非繁殖期褪為淡藍綠色。嘴、腳橄黑色。
- 成鳥頭上藍黑色，後頭有長冠羽，臉、頸側、胸側紅褐色，背面暗紅褐色，有黑色細橫漣紋。腹面淡黃褐色，中央有暗色縱紋，腹部有黑白雜斑。
- 飛行時飛羽黑色，初級飛羽末端白色。
- 幼鳥頭上黑色有白斑，背面深灰褐色，密布黑、白色細紋，腹面黃褐色，有暗色縱斑。

| 生態 |

分布於印度、中國南方、東南亞等地。棲息於平地至低海拔山區樹林或溪畔，單獨活動於樹林底層，以蚯蚓、昆蟲、魚蝦、蛙類等為食，性不懼人，常伸長脖子靜止「擬態」，也常有左右扭動頸部之特殊行為。繁殖期夜晚常發出連續「賀～賀～賀～」似領角鴞之叫聲，營巢於雜木林，以樹枝築成粗糙的盤狀巢。近年來面積較大的都會公園或校園繁殖紀錄漸多，部分仍為亞成鳥體色之黑冠麻鷺亦能配對繁殖。

▲成鳥頭上藍黑色，後頭有長冠羽。

鷺科

◀ 幼鳥背面密布
黑、白色細斑。

▲ 非繁殖期嘴基、眼先、眼周淡藍綠色。

◀ 初級飛羽末端白色。

▲ 於公園草地捕食蚯蚓。

鸛科
Threskiornithidae

分布於全球，包括鸛及琵鷺兩大類，為中至大型涉禽，許多鳥種為候鳥。雌雄同色，嘴、頸、腳很長，眼周圍有裸皮，有些種類頭、頸裸出無毛，尾短，趾基部有蹼。鸛的嘴向下彎曲，琵鷺的嘴扁平。飛行時頭頸向前伸直，兩腳伸出尾後。生活於河口、草澤、溼地等淺水地帶，常成群活動，食物以魚、蝦、甲殼類、昆蟲及軟體動物等為主，以樹枝、枯草營巢於樹上、灌叢或地面，雌雄共同孵蛋及育雛，雛鳥為晚成性。

彩鸛 *Plegadis falcinellus*

L48~66cm.WS80~95cm

屬名：彩鸛屬　　英名：Glossy Ibis　　生息狀況：迷

▲繁殖羽頭、背、頸至胸栗紫色，翼具綠色及紫色金屬光澤。

| 特徵 |

· 虹膜暗褐色。嘴粉紫色，長而下彎，眼先上下具白線。腳褐色至欖褐色。

· 成鳥繁殖羽頭、背、頸至胸栗紫色，翼具綠色及紫色金屬光澤。非繁殖羽頭至頸暗褐色，雜有白色羽毛。

· 幼鳥似成鳥非繁殖羽，但羽色較黯淡而少栗紫色。

| 生態 |

分布於歐洲、亞洲、非洲及美洲。出現於溼地、草澤，喜混群於白鷺、蒼鷺群中，以長嘴插入軟泥中探取蝦蟹、螺貝及昆蟲為食。臺灣往年紀錄不多，2020 年 5 月屏東東港有繁殖紀錄，並於該年 9 月紀錄數隻幼鳥。

▲嘴粉紫色，長而下彎，眼先上下具白線。

▲ 2020 年於屏東首次築巢繁殖。

▲繁殖羽頭上有紫綠色光澤。

▲非繁殖羽頭至頸暗褐色，雜有白色縱紋。

▲出現於溼地、旱澤，2016 年 4 月攝於彰化福寶。

▲幼鳥羽色較黯淡而少栗紫色，2020 年 9 月攝於屏東東港。

▲在臺灣已有繁殖紀錄。

▲非繁殖羽頭至頸雜有白色羽毛。

▲ 2020 年繁殖之幼鳥，9 月攝於屏東東港。

▲彩鷸在臺灣之紀錄有增加趨勢。

◀以長嘴插入軟泥中探取
蝦蟹、螺貝及昆蟲為食。

488

埃及聖鶚 *Threskiornis aethiopicus*

屬名：白鶚屬　　英名：African Sacred Ibis　　別名：聖鶚　　生息狀況：引進種 / 普

▲成鳥頭至頸裸皮黑色。

| 特徵 |

• 虹膜暗褐色。嘴黑色，長而下彎。腳黑色。
• 成鳥頭至頸裸皮黑色，身體白色，飛羽末端黑色，繁殖季兩翼有黑色飾羽。
• 亞成鳥頭、頸有灰白色羽毛。

| 生態 |

原分布於非洲、中東，爲埃及普遍留鳥，早期因引進逸出至野外繁殖，族群已擴散至中南部。出現於泥灘、河口、溼地、水田、草澤等地，喜群聚，會與白鷺混群，常群集以彎嘴探索捕食魚蝦、昆蟲、蛙類。由於族群擴張，對本土鳥類及生態造成影響，林務局於 2019 年以桃園爲主試行移除，並於 2020 年起啓動全臺移除工作。

▲亞成鳥頭部雜有灰白色羽毛。

相 似 種

黑頭白鶚

•飛羽末端白色。

▲飛羽末端黑色。

鶚科

489

黑頭白䴉 *Threskiornis melanocephalus*

屬名:白䴉屬　　英名:Black-headed Ibis　　生息狀況:冬、過 / 稀

▲單獨出現於河口、草澤、水田等淺水地帶。

▲成鳥頭至上頸裸皮黑色,全身大致白色。

| 特徵 |
• 虹膜暗褐色。嘴黑色,長而下彎。腳黑色。
• 成鳥頭至上頸裸皮黑色,全身大致白色,僅三級飛羽淺灰色。
• 亞成鳥頭灰黑,雜有灰白色羽毛,初級飛羽末端灰黑色。

| 生態 |
分布於印度、中國、東南亞等地,臺灣零星出現。單獨出現於河口、草澤、水田等淺水地帶,喜混於白鷺群中,以長而下彎之嘴探索捕食魚蝦、蛙類、螺貝及昆蟲。由於族群稀少,名列全球「接近受脅」鳥種。

相似種
埃及聖䴉
• 飛羽末端黑色,停棲時披覆於尾上。

鷺科

朱鷺 *Nipponia nippon*

屬名：朱鷺屬　　英名：Crested Ibis　　別名：日本鳳頭䴉、朱臉鷺鷺　　生息狀況：歷史紀錄

鷺科

▲繁殖羽頭、頸至背灰黑色，李泰花攝。

| 特徵 |

· 虹膜黃色；嘴黑色，先端及卜嘴基紅色，長而下彎；腳紅色。

· 成鳥繁殖羽額、眼周及頰裸皮紅色，頭、頸、肩會分泌黑色色素，將頭、頸至背染成灰黑色，後頸具下垂長冠羽，餘體羽大致白色，略帶淡粉紅色，初級飛羽粉紅色較濃。非繁殖羽灰黑色部分褪為白色。

· 幼鳥體色偏灰，羽色黯淡少光澤，後頸冠羽較短。

· 飛行時頸伸長，飛羽淡粉紅色。

| 生態 |

曾廣布於東北亞及日本，今僅中國陝西省洋縣有野生族群。喜棲息高大喬木頂端，於稻田、沼澤、溪流、池塘及湖泊附近覓食，以長而彎的喙部探尋水下之蝦蟹、蛙類、小魚、田螺及甲蟲等為食，名列鳥類紅皮書瀕臨絕種物種，臺灣最後一筆紀錄為 1908 年 8 月在臺北金山被捕獲。

▲喜棲息於喬木，李泰花攝。

白琵鷺 / 琵鷺 *Platalea leucorodia*

II | L70~95cm.WS115~135cm

屬名:琵鷺屬　　英名:Eurasian Spoonbill　　別名:琵鷺　　生息狀況:冬 / 稀

相|似|種

黑面琵鷺
• 體型較小。
• 額、眼周及嘴基黑色相連。

▲單獨或小群出現於海岸潮間帶、河口及水田等地帶。

| 特徵 |
• 嘴長,先端扁平呈飯匙狀。腳近黑。
• 成鳥虹膜紅色,鳥齡越大虹膜越紅。嘴黑
　色,先端黃色,上嘴有皺紋,眼先至嘴基
　有黑線。全身白色,繁殖羽喉部具鮮黃色
　裸皮,後頭飾羽及胸帶黃色。非繁殖羽無
　黃色飾羽。
• 亞成鳥似成鳥非繁殖羽,但虹膜色暗,嘴
　暗黃褐色,上嘴平滑,初級飛羽外緣黑色。

▲非繁殖羽無黃色飾羽。

| 生態 |
廣布於歐洲、亞洲及非洲,東亞族群繁殖於
西伯利亞、中國東北,冬季南遷至中國中部
及東南沿海。單獨或小群出現於海岸潮間
帶、河口、沙洲及濱海水田等淺水地帶,常
混於白鷺、黑面琵鷺群中,以匙狀扁嘴在水
中左右掃動捕撈魚、蝦、甲殼類及軟體動物
為食。

▲亞成鳥虹膜暗色,嘴暗黃褐色,上嘴平滑。

▲繁殖羽喉部具鮮黃色裸皮，後頭飾羽及胸帶黃色。

▲成鳥虹膜紅色，嘴黑色，先端黃色，上嘴有皺紋。

▲相互梳理羽毛、嬉戲。

▶眼周白色，眼先
至嘴基有黑線。

493

黑面琵鷺 *Platalea minor*

屬名：琵鷺屬　　英名：Black-faced Spoonbill　　別名：黑臉琵鷺　　生息狀況：冬／不普，過／稀

鸛科

相|似|種

白琵鷺
• 體型較大。
• 眼周白色，眼先之黑色部分較窄。

▲因棲地喪失與破壞，全球數量稀少，名列「瀕危」鳥種。

| 特徵 |
• 嘴長，先端扁平呈飯匙狀。腳黑色。
• 成鳥虹膜紅色，嘴黑色，上嘴有皺紋，皺紋隨年齡增加。全身白色，額、眼周及嘴基黑色相連，有些個體眼先具黃斑。繁殖羽後頭有黃色長飾羽，黃色胸帶連至後頸。非繁殖羽無黃色飾羽。
• 亞成鳥似成鳥非繁殖羽，但虹膜色暗，嘴黑褐或紅褐色，上嘴平滑，初級飛羽外緣黑色。

| 生態 |
繁殖於朝鮮半島、遼東半島外海島嶼，度冬於臺灣、香港、越南、日本及中國福建、廣東、海南島等地。出現於潮間帶、河口、沙洲及溼地等淺灘，常群集於河口淺灘、荒廢魚塭，以匙狀扁嘴在水中左右掃動，靠觸覺捕撈魚、蝦、甲殼類及軟體動物為食。休息時同伴間會互相梳理羽毛或嬉戲。本種因棲地喪失與破壞，全球數量稀少，名列全球「瀕危」鳥種。近年除高雄茄萣、臺南曾文溪口、七股、四草、鰲鼓、濁水溪口等地區外，北部宜蘭地區亦有少數族群度冬。

▲全球黑面琵鷺族群有逐年成長趨勢。

◀全身白色，額、眼周
及嘴基黑色相連。

▲繁殖羽後頭有黃色長飾羽，黃色胸帶連至後頸。

◀成鳥非繁殖羽無
黃色飾羽。

▲亞成鳥翼尖黑色。

▲以匙狀扁嘴在水中左右掃動，靠觸覺捕撈魚、蝦、甲殼類及軟體動物為食。

◀出現於潮間帶、河口、沙洲等淺灘。

▶在臺灣度冬族群逐年增加。

▲亞成鳥虹膜色暗，上嘴平滑。

▲曾文溪口之度冬群體。

▲同伴間互相梳理羽毛或嬉戲。

▶成鳥繁殖羽。

鸛科

497

中名索引

中名索引

英名索引

英名索引

英名索引

學名索引

學名索引

507

學名索引

學名索引

參考文獻

- 中華民國野鳥學會。2020年臺灣鳥類名錄。
  Downloaded from：https://www.bird.org.tw/
- 中華民國野鳥學會。2021年中華民國野鳥學會鳥類紀錄委員會報告。
  Downloaded from：https://www.bird.org.tw/
- 蕭木吉、李政霖。2022。臺灣野鳥手繪圖鑑，第三版。行政院農業委員會林務局、社團法人臺北市野鳥學會。
- 劉小如、丁宗蘇、方偉宏、林文宏、蔡牧起、顏重威。2010。臺灣鳥類誌（上）、（中）、（下）。行政院農業委員會林務局。
- 劉陽、陳水華。2021。中國鳥類觀察手冊 。湖南科學技術出版社。
- 王嘉雄、吳森雄、黃光瀛、楊秀英、蔡仲晃、蔡牧起、蕭慶亮。1991。臺灣野鳥圖鑑。亞舍圖書有限公司。
- 馬敬能（Mackinnon, J.）、菲利普斯（Phillipps, K.）。2000。中國鳥類野外手冊。湖南教育出版社。
- 周鎮。1998。臺灣鄉土鳥誌。鳳凰谷鳥園。
- 潘致遠（黑皮皮）。2007。臺灣小型鷸科的辨識。社團法人臺南市野鳥學會會刊《撓杯》第128期。
- 五百沢日丸、山形則男、吉野俊幸。2004。日本の鳥550（山野の鳥）増補改訂版。文一總和出版。
- 氏原巨雄、氏原道昭。2010。カモメ識別ハンドブック 改訂版。文一總和出版。
- 真木広造、大西敏一。2000。日本の野鳥590。平凡社。
- 真木広造。2012。ワシタカ・ハヤブサ識別図鑑。平凡社。
- 桐原政志、山形則男、吉野俊幸。2000。日本の鳥550（水辺の鳥）。文一總和出版。
- Brazil, M. 2009. Birds of East Asia: China, Taiwan, Korea, Japan, and Russia. Princeton University Press.
- Chandler, R. 2009. Shorebirds of North America, Europe, and Asia. Princeton University Press.
- Clements, J. F., T. S. Schulenberg, M. J. Iliff, S. M. Billerman, T. A. Fredericks, B. L. Sullivan, and C. L. Wood. 2019. The eBird/Clements Checklist of Birds of the World: v2019.
- Dickinson, E. C. 2003. Howard and Moore Complete Checklist of the Birds of the World, Third Edition. Princeton University Press.
- Kennerley, P. and D. Pearson. 2010. Reed and Bush Warblers. Helm.
- O'Brien, M., R. Crossley, and K. Karlson. 2006. The Shorebird Guide. Mariner Books.
- Olsen, K. M. and H. Larsson. 2004. Gulls of Europe, Asia and North America. Helm.
- Onley, D. and P. Scofield. 2007. Albatrosses, Petrels and Shearwaters of the World. Helm.

- Svensson, L,. D. Zetterström, and K. Mullarney. 2010. Birds of Europe. Princeton University Press.
- The Cornell Lab of Ornithology. Birds of the World. https://birdsoftheworld.org/bow/home

謝誌

感謝所有為這套圖鑑付出心力的好朋友們，包括撥冗費心審訂及撰文推薦的丁宗蘇老師，不計酬勞支援美圖的前輩及鳥友：呂宏昌、李泰花、廖建輝、李日偉、楊永鑫、羅永輝、張俊德、王容、曾建偉、謝季恩、李自長、林哲安、魏千鈞、陳侯孟、鄭子駿、呂奇豪、洪廷維、楊永利、游竑平、蔡牧起、陳淮億、李豐曉、葉守仁、鄭期弘、張珮文、陳世明、陳世中、王詮程、林本初、林文崇、曾秋文、許映威、柯木村、周明村、鄭謙遜、張壽華、蔡榮華、蘇聰華、王建華、劉倖君、沈其晃、林嘉瑋、蔣忠祐、林隆義、陳國勝、吳建達、李明華、洪立泰、陳登創、林唯農、陳建源、羅濟鴻、洪貫捷、薄順奇、周成志、林泉池、賴威利、郭偉修、董森堡、趙偉凱、吳坤成、林禮榮、吳嘉錕，所有曾經提供鳥訊的好友以及一開始引介我投入著作的陳侯孟先生，勞苦功高的編輯許裕苗小姐與許裕偉小姐，沒有這份機緣與大家的幫忙，這套圖鑑不可能完成。最後要感謝家人的支持，讓我無後顧之憂的持續拍鳥與寫作，銘感於心。

詳填晨星線上回函
50 元購書優惠券立即送
（限晨星網路書店使用）

國家圖書館出版品預行編目（CIP）資料

臺灣野鳥圖鑑 . 水鳥篇 / 廖本興著 . -- 增訂一版 . --
臺中市：晨星出版有限公司, 2022.08
　　面；　公分 . -- (台灣自然圖鑑；19)

ISBN 978-626-320-140-8(平裝)

1.CST：鳥　2.CST：動物圖鑑　3.CST：臺灣

388.833025　　　　　　　　　　　　　111007026

台灣自然圖鑑 019

臺灣野鳥圖鑑 水鳥篇

作者	廖本興
審訂	丁宗蘇
主編	徐惠雅
執行主編	許裕苗
版型設計	許裕偉
繪圖	廖志穎
鳥音錄音師	陳侯孟、李益隆、孫栗源
創辦人	陳銘民
發行所	晨星出版有限公司
	臺中市 407 西屯區工業三十路 1 號
	TEL：04-23595820　FAX：04-23550581
	http：//www.morningstar.com.tw
	行政院新聞局局版臺業字第 2500 號
法律顧問	陳思成律師
初版	西元 2012 年 03 月 10 日
增訂一版	西元 2022 年 08 月 06 日
讀者專線	TEL：（02）23672044 /（04）23595819#212
	FAX：（02）23635741 /（04）23595493
	E-mail：service@morningstar.com.tw
網路書店	http：//www.morningstar.com.tw
郵政劃撥	15060393（知己圖書股份有限公司）
印刷	上好印刷股份有限公司

定價 990 元

ISBN 978-626-320-140-8
Published by Morning Star Publishing Inc.
Printed in Taiwan